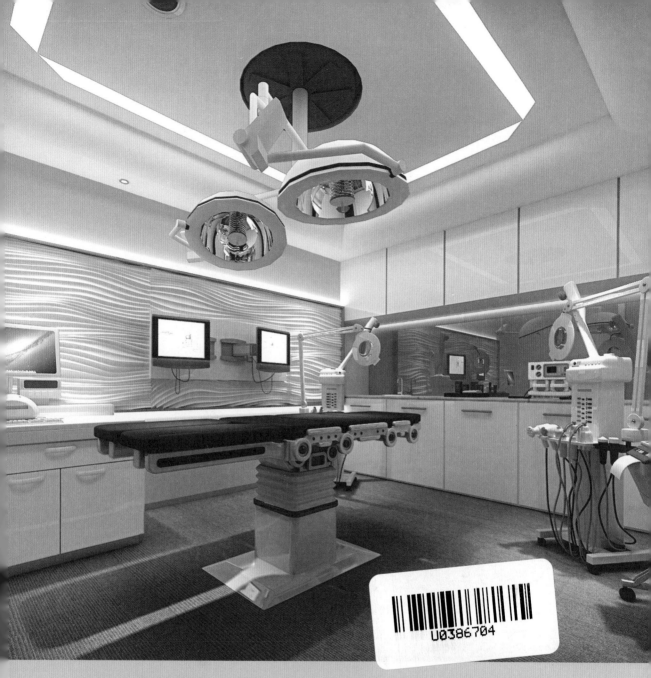

U0386704

中文版 **Photoshop**

室内效果图后期处理技法剖析

买桂英　秦冉冉 ◆ 编著

（第2版）

清华大学出版社
北京

内 容 简 介

本书系统、详尽地介绍了使用 Photoshop 对室内效果图进行后期处理的方法和技巧，内容安排由浅入深，每一章的内容都非常丰富，力求涵盖 Photoshop 在后期处理中所有的技术要点。

本书共分为 16 章，第 1 章介绍 Photoshop 与室内效果图；第 2 章是 Photoshop 快速入门；第 3 章介绍常用的 Photoshop 工具和命令；第 4 章介绍效果图的修图与简单的修补；第 5 章介绍常用配景的处理；第 6 章介绍室内效果图的光效与色彩；第 7 章介绍效果图的艺术特效；第 8~10 章介绍室内家装的整体后期处理；第 11~14 章介绍工装效果图的后期处理；第 15 章介绍室内彩色平面图的制作；第 16 章介绍效果图的打印输出。

本书不仅可以作为室内设计人员的参考手册，还可作为大中专院校和培训机构室内设计及其相关专业的教材。

图书在版编目（CIP）数据

中文版 Photoshop 室内效果图后期处理技法剖析 / 买桂英，秦冉冉编著 . —2 版 . —北京：清华大学出版社，2022.12（2025.1 重印）

ISBN 978-7-302-62185-0

Ⅰ . ①中… Ⅱ . ①买… ②秦… Ⅲ . ①室内装饰设计—计算机辅助设计—应用软件 Ⅳ . ① TU238-39

中国版本图书馆 CIP 数据核字 (2022) 第 214339 号

责任编辑：韩宜波
封面设计：杨玉兰
版式设计：方加青
责任校对：翟维维
责任印制：沈　露

出版发行：清华大学出版社
　　　　网　　　址：https://www.tup.com.cn, https://www.wqxuetang.com
　　　　地　　　址：北京清华大学学研大厦 A 座　　　　　邮　　编：100084
　　　　社 总 机：010-83470000　　　　　　　　　　　邮　　购：010-62786544
　　　　投稿与读者服务：010-62776969，c-service@tup.tsinghua.edu.cn
　　　　质 量 反 馈：010-62772015，zhiliang@tup.tsinghua.edu.cn
印 装 者：三河市君旺印务有限公司
经　　销：全国新华书店
开　　本：185mm×260mm　　　　印　　张：17.5　　　字　　数：426 千字
版　　次：2017 年 8 月第 1 版　　2022 年 12 月第 2 版　　印　　次：2025 年 1 月第 5 次印刷
定　　价：79.80 元

产品编号：088173-01

在现代效果图行业中，室内外效果图分得很细，室内效果图的制作人员极少参与室外建筑效果图的制作，所以本书主要针对的是室内效果图的后期制作人员。

本书从基础的常用工具和命令介绍到多个经典的室内案例效果，兼具了基础手册和技术手册的多种特点。希望本书能够帮助读者解决学习中遇到的难题，提高技术水平，快速成为室内效果图后期处理的高手。

本书的内容安排如下。

- 第 1 章主要介绍 Photoshop 与室内效果图的概念、用途和特色，室内效果图与色彩和美术的关联，以及室内设计风格和室内后期处理的操作步骤，使读者了解室内效果图的各种风格特色。

- 第 2 章主要介绍 Photoshop 2020 的工作界面、图像的类型和格式，以及图层的相关内容。图层是 Photoshop 中一项重要的内容，各种素材和效果可以通过图层来辅助调整和制作。

- 第 3 章主要介绍 Photoshop 2020 的常用工具和命令，包括图像选择工具、图像编辑工具、图像选择和编辑命令以及图像调整命令等。

- 第 4 章主要介绍对效果图中错误材质的调整以及对不理想画面构图的调整、颜色通道的使用和效果图的构图等。

- 第 5 章主要通过几个典型且实用的素材实例的制作，介绍常用的室内配景的抠取、投影、阴影以及植物、人像和玻璃的处理手法。

- 第 6 章主要介绍多个室内常用光效的制作方法。

- 第 7 章主要介绍效果图艺术特效的制作，包括水彩效果、油画效果、素描效果、水墨画效果等。

- 第 8 章主要介绍新中式家装的后期处理技巧和方法，包括效果图整体、局部及色调的处理、以及装饰素材的添加。

- 第 9 章主要介绍北欧卧室效果图的后期处理，包括效果图整体、局部的调整以及光效的添加等。

- 第 10 章主要介绍简欧餐厅效果图的后期处理，包括效果图整体、局部的调整以及光晕的添加。

- 第 11 章主要介绍接待室效果图的后期处理。工装和家装的后期处理手法稍有不同，工装中较多的就是细节的处理，通过对本章的学习，读者可以初步了解简单的工装效果图的制作。

- 第 12 章主要介绍会议室效果图的后期处理，包括效果图整体、局部的调整以及光晕和素材的添加等。

- 第 13 章主要介绍酒店大堂效果图的后期处理。
- 第 14 章主要介绍牙医诊所效果图的后期处理。
- 第 15 章主要介绍室内彩色平面图的制作，包括图纸的填充以及素材的添加等。
- 第 16 章主要介绍效果图的打印输出。这是进行效果图创作的最后一步，也是最关键的一步。因为将一幅完美的作品打印出来被客户接受，体现其价值，才是最终目的。

本书具有以下特点。

- 自学教程。书中设计了大量的案例，由浅入深、从易到难，可以让读者从实战中循序渐进地学会使用相应的工具、命令等，同时掌握相应的行业应用知识。
- 技术手册。书中每个专题都配有案例，让读者在不知不觉中学习到专业应用案例的制作方法和流程。书中还设计了许多提示和技巧，恰到好处地对读者进行指导。
- 多媒体教学。本书还附带了多媒体视频教学，书中涉及的每个案例都有详细的语音讲解，使读者不仅可以通过图书研究每一个操作细节，还可以通过多媒体教学领悟到更多的实战技巧。

本书由买桂英、秦冉冉编著，其他参与编写的人员还有赵雪梅、崔会静、赵岩、王兰芳等，在此表示感谢。

本书提供了案例的素材文件、源文件、视频文件以及 PPT 课件，扫一扫下面的二维码，推送到自己的邮箱后下载获取。

素材、视频

源文件、PPT 课件

由于编者水平有限，书中难免有不足和疏漏之处，恳请读者批评指正。

编　者

目录

目录

第 *1* 章

Photoshop
与室内效果图

随着计算机技术的不断发展，计算机正被广泛地应用于各个领域。计算机室内设计、建筑效果图已被人们普遍接受。在绘图效率方面，计算机设计所具有的表现速度快、色彩丰富等优势，是手绘无法比拟的，要是能在计算机设计表现中融入艺术的成分，会更好地体现设计师的创意。

本章主要介绍一些关于室内效果图及效果图后期处理方面的基本知识，比如什么是计算机室内效果图，计算机室内效果图的用途、特色、优势，以及用 Photoshop 软件进行效果图后期处理的基本流程等。

1.1 初识效果图

　　人的一生，绝大部分时间是在室内度过的，因此，人们设计创造的室内环境，必然会直接关系到室内生活、生产活动的质量，关系到人们的安全、健康、效率、舒适等。

　　室内设计是根据建筑物的使用性质、所处环境和相应标准，运用物质技术手段和建筑设计原理，创造功能合理、舒适优美、满足人们物质和精神生活需要的室内环境，如图 1-1 所示是一些室内效果图，不同的环境给人以不同的感受。这一空间环境既具有使用价值，满足了相应的功能要求，同时也反映了历史文脉、建筑风格、环境气氛等精神因素。我们应明确地把"创造满足人们物质和精神生活需要的室内环境"作为室内设计的目的。现代室内设计是综合的室内环境设计，它包括视觉环境和工程技术方面的问题，也包括声、光、热等物理环境以及氛围、意境等心理环境和文化内涵等。

图 1-1　不同室内环境效果图

1.1.1 效果图是什么

　　早期的效果图是通过手绘来完成的，随着计算机科技时代的来临，效果图绘制的任务慢慢地由设计师转换为绘图员。经过不断地演练和成熟，现在的室内效果图已经不是原来那种只把房子建起来，东西摆放好就可以的时代了，随着三维技术软件和后期处理软件的成熟，从业人员的水平越来越高，现在的室内效果图基本可以与装修实景图媲美，对美感的要求越来越高，色彩的搭配以及对材质的真实反映都上了一个新的台阶。

　　在室内效果图设计方面，计算机不仅可以把设计稿件中的建筑模型模拟出来，还可以添加家具和装饰素材，甚至白天和黑夜的灯光变化也能很逼真地模拟出来。通过室内效果图及周边环境的模拟生成的图片称为效果图，如图 1-2 所示。

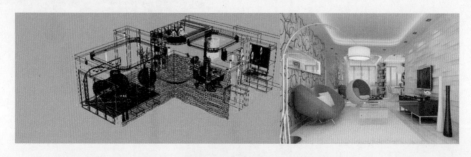

图 1-2　根据设计意图制作出的效果图

1.1.2　为什么要使用效果图

　　室内效果图是室内设计师表达创意构思并通过效果图制作软件，将创意构思进行形象化再现的形式。它通过对物体的造型、结构、色彩、质感等诸多因素的忠实表现，真实地再现了设计师的创意，是设计师与观者之间的视觉语言，使人们更清楚地了解设计的各项性能、构造、材料、结合方法等之间的关系。

　　在与客户进行方案沟通时，再好的口才也无法完整地叙述图像的效果，而通过效果图则可以形象化地展现设计师的构思和理念，通过图纸和效果图使客户尽早了解装修后的效果。

1.2　光与影

　　在室内设计中除了对室内空间的设计外，光与影的处理技术也十分重要，光与影的处理对于空间关系有着重要的意义。从一定程度上说，处理光与影的关系就是解决效果图的阴影与轮廓、明暗层次与黑白关系，光影表现的重点是阴影和受光形式。将自然光与影巧妙地运用到室内设计中，不仅可以美化人们的生活，也更加凸显设计品位。

1.2.1　光

　　在建筑效果图中，最常用的受光形式主要有两种：单面受光和双面受光。

　　单面受光是指在场景中只有一个主光源，不对场景中的建筑进行补光，主要用于表现侧面窄小、正面简洁的建筑物。另外，这种受光形式还可以应用于鸟瞰图中，这样可以用阴影来烘托建筑，加强空间的层次感。在室外建筑效果图的表现中，单面受光的运用极少。

　　双面受光是指场景中有一个主光源照亮建筑物的正面，同时还通过辅助光源照亮建筑物的侧面，但是以主光源的光照强度为主，从而使建筑物产生光影变化与层次。这种受光形式在室外建筑效果图中应用最为普遍。主光源的设置一般要根据建筑物的实际朝向、季节及时间等确定。而辅助光源则与主光源相对，补充建筑物中过暗部位的光照效果，即补光，它起到补充、修正的作用，照亮主光源没有顾及的死角。

　　另外，在处理室内外建筑效果图的光影时，应遵循以下原则：要避免大块被光线照射生成的白色光斑，也要避免大块因为背光而产生的黑暗；在布光时应做到每一个灯都有切实的效果，对那些可有可无的灯光要删除。

　　人类追求光的目的就是使空间变亮，如使黑夜变得明亮，光感越自然，室内设计就显得越自然。运用自然光营造室内光照的效果，既节能环保又能达到设计效果，可谓一举两得。在室内设计中的自然光主要表现在日景的效果图中。但是人们为了达到一定的效果，还会降低自然光的参数，结合一些人造灯光打造出需要的丰富多彩的效果。人造光在室内效果图中主要是灯的一些光效，通过这些光效来辅助效果图，达到光影丰富的效果，如图 1-3 所示。

图 1-3　室内灯光的效果

1.2.2　影

阴影的基本作用是表现建筑的形体、凹凸和空间层次；另外，画面中常利用阴影的明暗对比来集中人们的注意力，突出主体。

对于阴影要注意：一是在一般的环境中不存在纯黑色阴影。影子不能过亮，一般的环境中影子应该控制在这个程度——可以觉察到，但不刺眼，不影响整体的画面规划。二是要控制好影子的边缘，即应该有退晕。室内模型阴影的效果如图1-4所示。

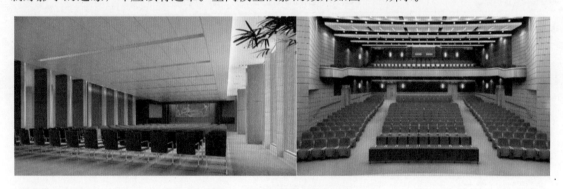

图 1-4　室内模型阴影的效果

1.3　色彩的设计原理

没有难看的颜色，只有不和谐的配色。在一所房子中，色彩的使用还蕴藏着健康的学问。太强烈的色彩，易使人产生烦躁的感觉，影响人的心理健康。把握一些色彩的基本原则，家庭装饰的用色并不难。室内的装修风格非常多，合理地把握这些风格的大体特征并加以应用，并时刻把握最新、最流行的装修风格，对于设计师是非常有必要的。

1.3.1　色与光的关系

人们之所以能看到并清楚地辨认事物的形态和色彩，是因为光的映射反映到我们的视网膜上，若无光，则无色。

光是色彩的基础，没有光就没有色彩，当光线改变的时候，物体的色彩也会随之变化。那么就需要改变我们的思维模式，不要认为天空就一定是蓝色的，树叶一定是绿色的，我们要根据不同的光线环境认真观察每一个物体的色彩，才能将其准确地绘制和制作出来。如

图 1-5 所示为不同环境下的不同色彩。

图 1-5　光照影响的场景

1.3.2　常用的室内色彩搭配

色环其实就是彩色光谱中所见的长条形的色彩序列，是将首尾连接在一起，使红色连接到另一端的紫色。色环通常包括 12 种颜色，如图 1-6 所示。

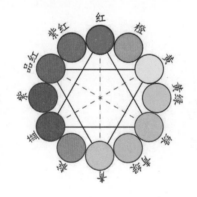

图 1-6　色环

1. 黑 + 白 + 灰 = 永恒经典

一般人在居家中，不太敢尝试过于大胆的颜色，认为还是使用白色比较安全。黑色加白色可以营造出强烈的视觉效果，近年来将流行的灰色融入其中，缓和了黑与白的视觉冲突感，从而营造出另外一种不同的韵味。3 种颜色搭配出来的空间中，充满冷色调的现代感与未来感。在这种色彩情景中，会由简单而产生出理性、秩序与专业感，如图 1-7 所示。

2. 银蓝 + 敦煌橙 = 现代 + 传统

以蓝色系与橙色系为主的色彩搭配，表现出现代与传统、古与今的交汇，碰撞出兼具现代与复古的视觉感受。蓝色系与橙色系原本属于强烈的对比色系，只是在双方的色度上有些变化，这两种色彩能给予空间一种新的生命，如图 1-8 所示。

3. 蓝 + 白 = 浪漫温情

无论是淡蓝还是深蓝，都可把白色的清凉与无瑕表现出来，这样的白色令人感到十分自由，心胸开阔，似乎有海天一色的开阔自在。蓝色与白色合理地搭配给人以放松、冷清的感觉，如地中海风格主要就是以蓝色与白色进行搭配，如图 1-9 所示。

图 1-7　黑＋白＋灰效果图　　　　　　　　　　图 1-8　银蓝＋敦煌橙效果图

4. 黄＋绿＝新生的喜悦

黄色和绿色的配色方案可以令活力复苏。鹅黄色是一种清新、鲜嫩的颜色，代表的是新生的喜悦；淡绿色是让内心感觉平静的色调，使人感觉清风拂面，可以中和黄色的轻快感，让空间沉稳下来，这样的配色方案十分适合年轻夫妻使用，如图 1-10 所示。

图 1-9　蓝＋白效果图　　　　　　　　　　图 1-10　黄＋绿效果图

1.3.3　色彩的心理学

色彩心理学家认为，不同颜色对人的情绪和心理的影响有所差别。色彩心理是客观世界的主观反映。不同波长的光作用于人的视觉器官而产生色感时，必然导致人产生某种带有情感的心理活动。事实上，色彩生理和色彩心理过程是同时交叉进行的，它们之间既相互联系又相互制约。在一定的生理变化时，就会产生一定的心理活动；在有一定的心理活动时，也会产生一定的生理变化。比如，红色能使人生理上脉搏加快、血压升高，心理上具有温暖的感觉。长时间红光的刺激，会使人心理上产生烦躁不安，在生理上需要相应的绿色来补充平衡。因此，色彩的美感与生理上的满足和心理上的快感有关。

1. 色彩心理与年龄有关

根据实验室心理学的研究，人随着年龄的变化，生理结构也会发生变化，色彩所产生的心理影响也会有所不同。有人做过统计：儿童大多喜爱鲜艳的颜色。婴儿喜爱红色和黄色；4～9岁的儿童最喜爱红色；7～15岁的学生中，男生的色彩爱好次序为绿、红、青、黄、白、黑，女生的色彩爱好次序是绿、红、白、青、黄、黑。随着年龄的增长，人们的色彩喜好逐渐向复色过渡，然后向黑色靠近。这是因为儿童刚走入这个大千世界，思维一片空白，什么都是新鲜的，需要简单的、新鲜的、强烈刺激的色彩，他们的神经细胞产生得快，补充得快，对一切都有新鲜感。随着年龄的增长，脑神经记忆库已经被其他刺激占去了许多，色彩感觉相应会成熟和柔和些。

2. 色彩心理与职业有关系

体力劳动者喜爱鲜艳的色彩，脑力劳动者喜爱调和色彩；农牧区的人们喜爱极鲜艳的、成互补色关系的色彩，高级知识分子则喜爱复色、淡雅色、黑色等较成熟的色彩。

3. 色彩心理与社会心理有关

由于不同时代在社会制度、意识形态、生活方式等方面的不同，人们的审美意识和审美感受也不同。古代被认为不和谐的配色在现代却被认为是新颖的美的配色。所谓反传统的配色在装饰色彩史上的例子举不胜举。一个时代的色彩的审美心理受社会心理的影响很大，所谓"流行色"就是社会心理的一种产物，时代的潮流、现代科技的新成果、新的艺术流派的产生，甚至是大自然中某种异常现象所引起的社会心理都可能对色彩心理发生作用。当一些色彩被赋予时代精神的象征意义，符合人们的认识、理想、兴趣、爱好、欲望时，那么这些具有特殊感染力的色彩就会流行开来。比如，20 世纪 60 年代初，宇宙飞船的上天，开拓了人类进入新的宇宙空间的新纪元，这个标志着新的科学时代的重大事件曾轰动世界，各国人民都期待着宇航员从太空中带回新的趣闻。色彩研究家抓住人们的心理，发布了"流行宇宙色"，结果在一个时期内流行于全世界。这种宇宙色的特点是浅淡明快的高短调、抽象、无复色。不到一年，又开始流行低长调、成熟色、暗中透亮的几何形格子花布。但一年后，又开始流行低短调、复色抽象、形象模糊、似是而非的时代色。这就是动态平衡的审美欣赏的循环。

4. 共同的色彩感情

虽然色彩引起的复杂感情是因人而异的，但由于人类生理构造和生活环境等方面存在着共性，因此对大多数人来说，无论是单一色，还是混合色，在色彩的心理方面，都存在着共同的色彩感情。根据心理学家的研究，主要有 7 个方面，即色彩的冷暖感、色彩的轻重感、色彩的软硬感、色彩的强弱感、色彩的明快感与忧郁感、色彩的兴奋感与沉静感、色彩的华丽感与朴实感。

正确地应用色彩美学，还有助于改善居住条件。宽敞的居室采用暖色装修，可以避免房间给人以空旷感；房间小的住户可以采用冷色装修，在视觉上让人感觉大些。人口少而感到寂寞的家庭居室，配色宜选暖色；人口多而感觉喧闹的家庭居室，宜用冷色。同一家庭，在色彩上也有侧重，卧室装修采用暖色调，有利于增进夫妻感情的和谐；书房采用淡蓝色装饰，使人能够集中精力学习、研究；餐厅里，红棕色的餐桌，有利于增进食欲。对不同的气候条件，运用不同的色彩，也可以在一定程度上改变环境气氛。在严寒的北方，人们多采用暖色调装饰居室，感觉上比较温暖；反之，南方气候炎热潮湿，采用青色、绿色、蓝色等冷色调装饰居室，感觉上比较清凉些。

研究由色彩引起的共同感情，对于装饰色彩的设计和应用具有十分重要的意义。

(1) 恰当地使用色彩装饰在工作上能减轻疲劳，提高工作效率。

(2) 办公室朝北的房间，冬天使用暖色能增加温暖感。

(3) 住宅采用明快的配色，能给人以宽敞、舒适的感觉。

(4) 娱乐场所采用华丽、兴奋的色彩能增强欢乐、愉快、热烈的气氛。

(5) 学校、医院采用明洁的配色能为学生、病人创造安静、清洁、卫生、幽静的环境。

1.4 家装设计与美术基础

判断一个效果图设计师是否具有美术基础和深厚的艺术修养，通过对图 1-11 所示的透视效果图的表现能力，即可得出明确的答案。

一个效果图设计师审美修养的培育、透视效果图表现能力的提高，都依赖于深厚的美术基本功底。活跃的思路，快速的表现方法，可以通过大量的如图 1-12 所示的室内速写得到锻炼。准确的空间形体造型能力，清晰的空间投影概念，可以通过如图 1-13 所示的结构素描得到解决。丰富敏锐的色彩感觉，可以通过如图 1-14 所示的色彩写生作为练习的基础。

图 1-11 透视的室内效果图

图 1-12 室内速写

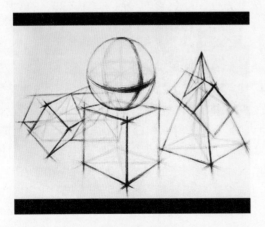

图 1-13 素描

图 1-14 色彩写生

随着设计元素多元化时代的来临，人们对室内效果图作品的要求也在不断地提高。人们不再有从众心理，而是追求个性化、理想化的作品。这样的设计作品，无疑是需要广阔的设计思路和创新理念，否则，设计师终会被本行业所淘汰。

对于一个成熟的设计师来说，仅仅具备美术基础是远远不够的。室内设计师还要对材料、人体工程学、结构、光学、摄影、历史、地理、民族风情等一些相关知识有所掌握。这样，其设计的作品才会有内容、有内涵、有文化。

效果图设计属于实用美术类的范畴。如果设计的成果只存在艺术价值，而忽略其使用功能，那么这个设计只能以失败告终，同时，也就失去了室内设计的意义。

1.5　设计风格

现代装修人群越来越广，人们对美的追求也不再局限于原始的几种模式，更多的装修风格融入新家居修饰中。下面就来介绍几种比较流行的装修风格。

1.5.1　田园风格

田园风格的装饰可以让一个人在休息时无形地进入一个安静、自然、清新、舒畅的视觉环境中。这样可以让人一天的紧张、疲惫完全得到放松，而且也会让人食欲大增，在看书时感到清醒明亮。

田园风格重在对自然的表现，但不同的田园有不同的自然表现，进而衍生出多种风格，如中式的、欧式的，还有南亚的田园风情，各有各的特色，各有各的美丽。如图1-15所示为现代田园风格装修图。

图 1-15　现代田园风格装修图

1.5.2 新中式风格

新中式风格在设计上传承了唐、明、清时期家具理念的精华，凝练出唯美的中国古典情韵，数千年的委婉风骨，以崭新的面貌蜕变舒展，以内敛沉稳的中国为源头，同时改变原有空间布局中等级、尊卑等封建思想，给传统的家居文化注入了新的气息。没有刻板也不失庄重，注重品质但免去了不必要的苛刻，这些构成了新中式风格的独特魅力。

新中式风格不是纯粹的元素堆砌，而是通过对传统文化的认识，将现代元素和传统元素结合在一起，以现代人的审美需求来打造具有传统韵味的事物，让传统艺术在当今社会得到完美的体现。如图1-16所示为新中式风格装修图。

图1-16　新中式风格装修图

1.5.3 东南亚风格

东南亚风格是一种东南亚民族岛屿特色及精致文化品位相结合的设计。这是一个新兴的居住与休闲相结合的概念，广泛地运用木材和其他天然原材料，如藤条、竹子、石材、青铜和黄铜，深木色的家具，局部采用一些金色的壁纸、丝绸质感的布料，灯光的变化体现了稳重感及豪华感。

东南亚风情，舒张中有含蓄，妩媚中带神秘，兼具平和与激情。把家打造成绮丽的东南亚风情，它所带来的不仅是视觉上的盛宴，更是生活的曼妙体验，如图1-17所示。

图 1-17　东南亚风格装修图

1.5.4　欧式风格

　　欧式风格尊贵、典雅。作为欧洲文艺复兴时期的产物，欧式风格集成了巴洛克风格中豪华、动感、多变的视觉效果，也吸取了洛可可风格中唯美、律动的细节处理手法，受到了社会上层人士的青睐。特别是古典风格中深沉里显露尊贵、典雅中渗透豪华的设计哲学，成为这些成功人士享受快乐理念生活的一种写照。

　　欧式风格多引入建筑结构元素，在凹凸有致的墙壁、罗马柱、雕花的掩映下，卷叶草、螺旋纹、葵花纹、弧线等欧式古典纹饰镶嵌在精致家具陈设中，重现了宫廷般的华贵、绚丽。如图 1-18 所示为欧式风格装修图。

图 1-18　欧式风格装修图

图 1-18　欧式风格装修图（续）

1.5.5　美式风格

　　美式风格是美国生活方式演变到今日的一种形式。美国是一个崇尚自由的国家，这也造就了其自在、随意、不羁的生活方式，没有太多造作的修饰与约束，不经意中成就了另外一种休闲式的浪漫。美国的文化是一个以移植文化为主导的脉络，它有着欧洲的奢侈与贵气，又结合了美洲大陆这块水土的不羁，这样结合的结果是剔除了许多羁绊，但又能找寻到文化根基新的怀旧、贵气和大气，却又不失自在与随意的风格。

　　美式家居风格的这些元素正好迎合了时下的文化资产者对生活方式的需求，既有文化感、贵气感，又不缺乏自在感与情调感。如图 1-19 所示为美式风格装修图。

图 1-19　美式风格装修图

1.5.6　地中海风格

　　地中海风格起源于 9—11 世纪，特指欧洲地中海北岸一线，特别是西班牙、意大利、希腊这些国家南部的沿海地区的淳朴居民住宅风格。

　　地中海风格是海洋风格装修的典型代表，因富有浓郁的地中海人文风情和地域特征而得名。地中海风格装修是最富人文精神和艺术气质的装修风格之一。它通过空间设计上的连续拱门、马蹄形窗等来体现空间的通透，用栈桥状露台、开放式房间功能分区体现开放性，通过一系列开放性和通透性的建筑装饰语言来表达地中海装修风格自由的精神内涵；同时，它通过取材天然材料的方案，来体现向往自然、亲近自然、感受自然的生活情趣，进而体现出地中海风格的自然思想内涵；地中海风格装修还通过以海洋的蔚蓝色为基色调的颜色搭配方案，自然光线的巧妙运用、富有流线及梦幻色彩的线条等软装特点来表述其浪漫情怀；地中海风格装修在家具设计上大量采用宽松、舒适的家具来体现其休闲风格。因此，自由、自然、浪漫、休闲是地中海风格装修的精髓。

　　地中海风格具有独特的美学特点，一般选择自然、柔和的色彩，在组合设计上注重空间搭配，充分利用每一寸空间，集装饰与应用于一体，在组合搭配上避免琐碎，显得大方、自然，散发出古老尊贵的田园气息和文化品位，如图 1-20 所示。

图 1-20　地中海风格装修图

1.5.7 法式风格

法式风格指的是法兰西国家的建筑和家具风格，主要包括法式巴洛克风格（路易十四风格）、洛可可风格（路易十五风格）、新古典风格（路易十六风格）和帝政风格等，是欧洲家具和建筑文化的顶峰。

法式风格建筑讲究点缀在自然中，并不在乎占地面积大小，追求色彩和内在联系，让人感到有很大的活动空间。不过，有时也有意呈现建筑与周围环境的冲突。因此，法式建筑往往不追求简单的协调，而是崇尚冲突之美。在设计上讲求心灵的自然回归感，给人一种扑面而来的浓郁气息。开放式的空间结构、随处可见的花卉和绿色植物、雕刻精细的家具，所有的一切从整体上营造出一种田园气息。不论是床头台灯图案中娇艳的花朵，抑或是窗前的一把微微晃动的摇椅，在任何一个角落，都能体会到主人悠然自得的生活和阳光般明媚的心情。

法式建筑十分推崇优雅、高贵和浪漫，它是一种基于对理想情景的考虑，追求建筑的诗意、诗境，力求在气质上给人深度的感染。风格则偏于庄重大方，整个建筑多采用对称造型，恢宏的气势，豪华舒适的居住空间，屋顶多采用孟莎式，坡度有转折，上部平缓，下部陡直。屋顶上多有精致的老虎窗，或圆或尖，造型各异。外墙多用石材或仿石材装饰，细节处理上运用了法式廊柱、雕花、线条，制作工艺精细考究。如图 1-21 所示为法式风格装修图。

图 1-21　法式风格装修图

1.5.8 现代简约风格

现代简约风格行走在流行时尚前沿。现代风格装饰的特点：由曲线和非对称线条构成，如花梗、花蕾、葡萄藤、昆虫翅膀以及自然界各种优美、波状的形体图案等，体现在墙面、栏杆、窗棂和家具等装饰上。线条有的柔美雅致，有的遒劲而富于节奏感。整个立体形式都与有条不紊的、有节奏的曲线融为一体。大量使用铁制构件，将玻璃、瓷砖等新工艺，以及铁艺制品、陶艺制品等综合运用于室内。注重室内外沟通，竭力给室内装饰艺术引入新意，如图 1-22 所示。

图 1-22　现代简约风格装修图

1.6　为什么要进行室内效果图后期处理

　　Photoshop 是建筑表现中后期处理很重要的工具之一，模型是骨骼，渲染是皮肤，而后期就是服饰，一张图的好与坏和后期有着直接的关系。

　　从计算机效果图的制作流程中可以看出，Photoshop 的后期处理在整个建筑效果图中起着非常重要的作用，三维软件所做的工作只不过是提供给设计师一个可供 Photoshop 修改的"毛坯"，只有经过 Photoshop 的处理，才能得到一个真实逼真的场景，因此，其重要性绝不亚于前期的建模工作。

　　室内效果图的后期处理相对简单些，一般是对各个物体的颜色明度进行调节，根据场景添加植物、人物、装饰物等，效果如图 1-23 所示。

图 1-23　室内效果图处理前后的对比

　　由于后期处理是效果图制作过程的最后一个步骤，所以它的成功与否直接关系到整个效果图的成败，它要求操作人员不仅要有高超的建模和渲染能力，还应该有过硬的后期处理能力，能把握住作品的整体灵魂。总之 Photoshop 在建筑效果图后期处理中的具体应用，其作用如下。

　　(1) 调整图像的色彩和色调。调整图像的色彩和色调主要是指使用 Photoshop 的"亮度/对比度""色相/饱和度""曲线""色彩平衡"等色彩调整命令对图像进行调整，以得到更加清晰、颜色色调更为协调的图像，如图 1-24 所示。

图 1-24　调整图像的色彩和色调

(2) 修改效果图的缺陷。当制作的场景过于复杂、灯光众多时，渲染得到的效果图难免会出现一些小的瑕疵或错误，如果返回 3ds Max 中重新调整，既费时又费力。这时可以发挥 Photoshop 的特长，使用修复工具及颜色调整命令，轻松修复模型的缺陷。

(3) 添加配景。添加配景就是根据场景的实际情况，添加一些合适的树木、人物、天空等真实的素材。前面介绍过，3ds Max 渲染输出的场景单调、生硬，缺少层次和变化，只有为其加入合适的真实世界的配景，效果图才会有生命力和感染力，如图 1-25 所示。

图 1-25　添加配景

(4) 制作特殊效果。比如制作光晕、阳光照射效果，将效果图处理成水墨画、油画、老电视等效果，以满足一些特殊效果图的需求。

1.7 Photoshop 在室内表现中的应用

自从计算机辅助设计工具在效果图设计领域中被普遍应用后，Photoshop 就一直备受设计师的青睐。如今，Photoshop 已成为创作和装修效果图的有力工具。用计算机绘制的效果图越来越多地出现在各种设计方案的竞标、汇报，以及房产商的广告中，成为设计师展现自己作品、吸引业主和获取设计项目的重要手段。

1.7.1　室内彩色平面图

随着经济的飞速发展，房地产行业异常火爆。新楼盘开发，新的居住方式与新的户型层出不穷，这一切都需要通过户型图来向人们展示。如图 1-26 所示为 AutoCAD 绘制的户型图，它表现出了整套户型的结构，还标示了各房间家具的摆放位置，缺点是过于抽象，不够直观。

图 1-27 所示是使用 Photoshop 软件在图 1-26 的基础上进行加工处理的结果，不同功能的房间采用不同的图案进行填充，并添加了许多带有三维效果的家具模块，如床、沙发、椅子、桌子等，由于它是形象、生动的彩色图像，因而效果逼真，极具视觉冲击力。

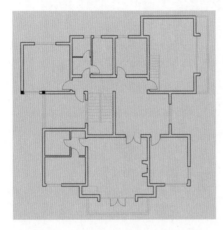 

图 1-26　AutoCAD 绘制的户型图　　　　图 1-27　Photoshop 制作的彩色户型图

1.7.2　室内立体鸟瞰图

随着室内装修热潮的到来，室内效果图也丰富了许多，与彩色平面图不同，室内立体鸟瞰图可以根据一幅图纸的整体布局来确定一个透视角度，如图 1-28 所示。鸟瞰图是根据透视原理，用高视点透视法从高处某一点俯视地面起伏绘制成的立体图。简单地说，就是在空中俯视某一地区所看到的图像。

鸟瞰图可以根据业主或客户的需求，通过一张图看到整体的立体布局，它就像从高处鸟瞰制图区，比平面图更有真实感。相对平面图来说，立体的鸟瞰图处理相对简单，只需在渲染输出的效果图基础上进行调整，添加一些装饰光效和配景素材等即可完成立体鸟瞰图效果的后期处理。

图 1-28　室内立体鸟瞰图

1.7.3　室内装修效果图

效果图一般是指计算机建筑效果图，是通过三维软件来进行模型创建，然后使用
Photoshop 进行后期处理制作的。如图 1-29 所示为室内装饰装潢效果图。

图 1-29　室内装饰装潢效果图

1.8　室内效果图后期处理的基本流程

本节将通过一幅室内效果图的后期制作过程来了解效果图后期处理的基本流程。
首先来看一下需要改进的效果图，如图 1-30 所示。

图 1-30　场景效果

观察渲染输出的图片，不难看出有以下几处缺点。

（1）画面偏暗，整体偏灰。

（2）灯光的光晕效果没出来。

（3）画面整体关系不明朗。

画面偏灰可以说是很多人遇到的难题。灰是一种明暗关系，偏灰偏暗是由于画面的黑白
灰层次关系没有拉开导致的。不同的色彩之间也存在着对比度，这也是色彩给人的视觉印象。
所以，解决画面的灰暗问题，首先要解决的就是画面的明暗关系，明暗关系处理好了，画面
的层次就自然而然地清晰明了了。这就需要使用 Photoshop 来调节该图的亮度和对比度。

◎ 动手操作——后期处理练习

❶ 启动 Photoshop 软件，按 Ctrl+O 组合键，打开随书附带的"素材\第 1 章\北欧餐厅 .png"文件。

❷ 复制"图层 1"图层。按 Ctrl+L 组合键，弹出"色阶"对话框，在其中调整参数，如图 1-31 所示。

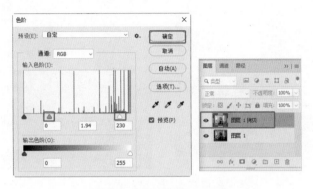

图 1-31　调整图像的亮度

提　示

复制图层的常用方法有两种：一种是通过选择图层，按 Ctrl+J 组合键进行复制；另一种是将需要复制的图层拖曳到"图层"面板底部的 ◻（创建新图层）按钮上，即可复制出图层副本。

❸ 在菜单栏中选择"图像 > 调整 > 色相 / 饱和度"命令，在弹出的"色相 / 饱和度"对话框中设置参数，提高图像的饱和度，如图 1-32 所示。

图 1-32　提高图像的饱和度

技　巧

在效果图后期处理过程中，"色阶"和"色相 / 饱和度"命令是使用比较频繁的命令，可以很方便、简单地修改图像的整体效果。

❹ 经过前两步调整后的效果如图 1-33 所示。

下面对场景的部分区域进行单独调整，在处理之前先调入场景的渲染通道。

⑤ 在菜单栏中选择"文件 > 打开"命令,打开随书附带的"素材\第1章\北欧餐厅通道 .png"文件,然后按住 Shift 键的同时将其拖入"北欧餐厅"场景中,并将其所在图层命名为"通道"。

⑥ 确认"通道"图层为当前图层,选择工具箱中的 🪄（魔棒工具），在工具选项栏中取消选中"连续"复选框,在图像中单击代表墙壁的部分区域创建选区,如图 1-34 所示。

图 1-33　初步调节后的效果

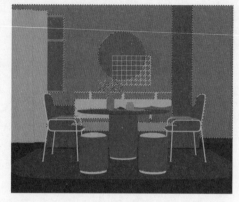
图 1-34　创建选区效果

⑦ 将"通道"图层隐藏,选择"图层 1 拷贝"图层,在菜单栏中选择"图像 > 调整 > 色彩平衡"命令,在弹出的"色彩平衡"对话框中设置合适的色彩平衡参数,单击"确定"按钮,如图 1-35 所示。

图 1-35　调整色彩平衡

⑧ 在菜单栏中选择"图像 > 调整 > 色相 / 饱和度"命令,在弹出的"色相 / 饱和度"对话框中设置合适的参数,单击"确定"按钮,如图 1-36 所示。

⑨ 调整墙体色彩后的效果如图 1-37 所示,按 Ctrl+D 组合键取消选区的选择。

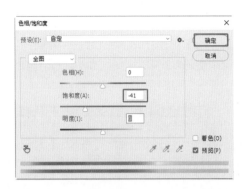

图 1-36　设置色相 / 饱和度参数　　　　图 1-37　调整墙体后的效果

⑩ 在"图层"面板中选择"通道"图层，使用 ✎（魔棒工具）选择如图 1-38 所示的桌椅组合颜色。

⑪ 在"图层"面板中选择"图层 1 拷贝"图层，在菜单栏中选择"图像 > 调整 > 色彩平衡"命令，在弹出的"色彩平衡"对话框中设置合适的参数，如图 1-39 所示。按 Ctrl+D 组合键取消选区的选择。

图 1-38　创建桌椅选区　　　　图 1-39　设置桌椅的色彩平衡参数

⑫ 在"图层"面板中选择"通道"图层，使用 ✎（魔棒工具）选择如图 1-40 所示的白色柜子和墙面。

⑬ 在"图层"面板中选择"图层 1 拷贝"图层，在菜单栏中选择"图像 > 调整 > 色相/ 饱和度"命令，在弹出的"色相 / 饱和度"对话框中设置合适的参数，如图 1-41 所示。按Ctrl+D 组合键取消选区的选择。

图 1-40　创建白色柜子和墙体选区　　　图 1-41　设置白色柜子和墙面的色相 / 饱和度参数

⑭ 在"图层"面板中选择"通道"图层,使用  (魔棒工具)选择如图1-42所示的地毯。

⑮ 在"图层"面板中选择"图层1拷贝"图层,在菜单栏中选择"图像>调整>色彩平衡"命令,在弹出的"色彩平衡"对话框中设置合适的参数,如图1-43所示。按Ctrl+D组合键取消选区的选择。

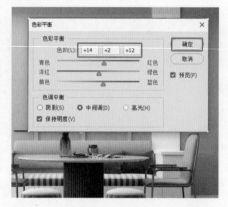

图1-42 创建地毯选区   图1-43 设置地毯的色彩平衡参数

⑯ 在"图层"面板中选择"通道"图层,使用 (魔棒工具)选择如图1-44所示的窗帘和墙壁处的坐垫。

⑰ 在"图层"面板中选择"图层1拷贝"图层,在菜单栏中选择"图像>调整>色彩平衡"命令,在弹出的"色彩平衡"对话框中设置合适的参数,如图1-45所示。按Ctrl+D组合键取消选区的选择。

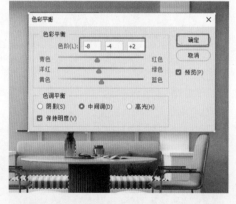

图1-44 创建窗帘和坐垫选区   图1-45 设置窗帘和坐垫的色彩平衡参数

⑱ 在"图层"面板中选择"通道"图层,使用 (魔棒工具)选择木地板区域,在"图层"面板中选择"图层1拷贝"图层,在菜单栏中选择"图像>调整>色彩平衡"命令,在弹出的"色彩平衡"对话框中设置合适的参数,如图1-46所示。

⑲ 在菜单栏中选择"图像>调整>色相/饱和度"命令,在弹出的"色相/饱和度"对话框中设置合适的参数,如图1-47所示。按Ctrl+D组合键取消选区的选择。

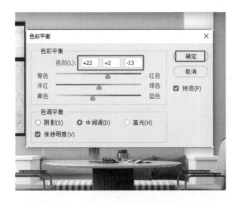

图 1-46　设置木地板的色彩平衡参数　　图 1-47　设置木地板的色相 / 饱和度参数

⑳ 可以看到图像中的窗帘位置没有安装窗帘盒，所以我们需要将该区域裁剪掉。在工具箱中选择 ⬚（裁剪工具），在图像中调整裁剪区域，按 Enter 键，确定裁剪，如图 1-48 所示。

㉑ 裁剪图像后，我们需要调整一下图像的锐化效果。在菜单栏中选择"滤镜 > 锐化 > 智能锐化"命令，在弹出的"智能锐化"对话框中调整锐化参数，如图 1-49 所示。

图 1-48　裁剪图像　　　　　　　　　图 1-49　设置锐化参数

㉒ 调整锐化后的效果如图 1-50 所示，这样该效果的后期处理便完成了。

图 1-50　设置锐化后的效果

㉓ 将调整后的文件另存为"北欧餐厅后期 .psd"文件，并将其放置到"源文件 \ 第 1 章"文件夹中。PSD 文件是带有图层的文件，便于以后修改。最后可以拼合图层，并将合并图层

后的图像存储为一个位图，便于观察。

1.9 小结

　　本章对效果图的概念、原理、风格等相关内容进行了简单的介绍，使读者对这方面的知识有了一个大体的了解。最后通过一个简单的室内后期处理案例来讲述后期处理的重要性、色彩常识、后期处理的基本流程等内容。

第 2 章

Photoshop
快速入门

在开始学习室内效果图后期处理之前，首先来了解一些有关图像的专业知识，这将有助于后面的制作。

计算机能处理的都是数字化信息，即使是图像文件，它也会一视同仁地将它们视为描述图像的数据。由于有了计算机上的图像处理系统，我们可以在同一工作区内浏览任何图像，并通过一组集成工具对它们进行合成处理，创造出现实生活中无法得到的效果。

2.1 Photoshop 的工作界面

Photoshop 默认的界面颜色为较暗的深色，如图 2-1 所示。

图 2-1　Photoshop 的默认界面

如果想更改界面的颜色方案，可以在菜单栏中选择"编辑 > 首选项 > 界面"命令，弹出"首选项"对话框，在"外观"选项组中选择合适的颜色方案。本书使用的是最后一种颜色方案，如图 2-2 所示。

图 2-2　选择一种颜色方案

在学习任何一个软件之前，对其工作环境进行了解是非常有必要的，这对于我们在后面顺利地进行制作具有极其重要的意义。Photoshop 的功能虽然非常强大，但它的核心技术很简单，这并不意味着一夜之间你就能成为"高手"，若想熟练地掌握效果图后期制作的方法，还要从基础学起。

运行 Photoshop 软件，在菜单栏中选择"文件 > 打开"命令，打开一张图片后，即可看到类似图 2-3 所示的工作界面。

从图 2-3 中可以看出，Photoshop 工作界面由菜单栏、工具选项栏、工具箱、图像窗口、控制面板区、状态栏等几部分组成。

图 2-3　Photoshop 的工作界面

下面简单讲解界面的各个构成要素及其功能。

● 菜单栏：菜单栏中包含用户进行图像编辑时所用的命令，如图 2-4 所示。

图 2-4　Photoshop 的菜单栏

● 工具选项栏：每当在工具箱中选择了一个工具后，工具选项栏中就会显示当前所选工具的选项，以便对当前所选工具的参数进行设置。工具选项栏中显示的内容随选择工具的不同而不同。图 2-5 所示为选择 ![魔棒工具] (魔棒工具)时工具选项栏显示的内容；图 2-6 所示为选择 ![仿制图章工具] (仿制图章工具)时工具选项栏显示的内容。工具选项栏是工具箱中各个工具功能的延伸与扩展，通过适当设置工具选项栏中的选项，不仅可以有效地增加工具在使用中的灵活性，而且还能够提高工作效率。

![图 2-5 魔棒工具选项栏]

图 2-5　魔棒工具选项栏

![图 2-6 仿制图章工具选项栏]

图 2-6　仿制图章工具选项栏

● 工具箱：工具箱是 Photoshop 处理图像的"兵器库"，包括选择、绘图、编辑、文字等 40 多种工具，相关工具将进行分组，如图 2-7 所示。

● 图像窗口：图像窗口是 Photoshop 显示、绘制和编辑图像的主要操作区域。

● 状态栏：位于图像窗口的下方，用于显示当前图像的显示比例、文档大小等信息。

● 控制面板区：控制面板是 Photoshop 的特色界面之一，默认位于界面的右侧，基本的控制面板如图 2-8 所示。它们可以监视和修改用户的工作,若要选择某个控制面板,可单击控制面板区中相应的标签。例如，如果要查看图层状态，可以直接在控制面板中单击"图层"标签。

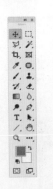 

图 2-7　Photoshop 的工具箱　　　　图 2-8　Photoshop 的基本控制面板

2.1.1　菜单栏

菜单栏如图 2-9 所示，可以对以后使用 Photoshop 编辑图像带来方便。

Ps　文件(F)　编辑(E)　图像(I)　图层(L)　文字(Y)　选择(S)　滤镜(T)　3D(D)　视图(V)　窗口(W)　帮助(H)

图 2-9　菜单栏

Photoshop 的菜单栏由"文件""编辑""图像""图层""文字""选择""滤镜""3D""视图""窗口"和"帮助"11 类菜单组成，包含了操作时要使用的所有命令。要使用菜单栏中的命令，只需将鼠标指针指向菜单项并单击，此时将显示相应的下拉菜单。在下拉菜单中上下移动鼠标指针进行选择，然后单击要使用的菜单命令，即可执行此命令。图 2-10 所示就是执行"图像 > 调整"命令后的子菜单。

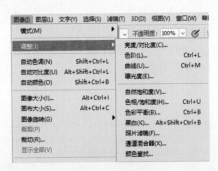

2-10　子菜单

了解菜单命令的状态，对于正确地使用 Photoshop 是非常重要的，因为状态不同，其使用方法也不一样。

- 子菜单命令：在 Photoshop 中，某些命令从属于一个大的菜单项，且本身又具有多种变化或操作方法。为了使菜单组织更加有序，Photoshop 采用了子菜单模式（见图 2-10），此类菜单命令的共同点是在上一次菜单命令右侧有一个黑色的小三角形▶。
- 不可执行的菜单命令：许多菜单命令都有一定的运行条件，当条件缺乏时，这个命令就不能被执行，此时菜单命令以灰色显示。
- 带有对话框的菜单命令：在 Photoshop 中，多数菜单命令被执行后都会弹出对话框，用户可以在对话框中进行参数设置，以得到需要的效果，此类菜单命令的共同点是其名称后带有省略号。

2.1.2　工具箱

　　Photoshop 的工具箱 (见图 2-11) 中有很多工具图标，其中，工具的右下角带有三角形图标的表示这是一个工具组，每个工具组中又包含多个工具，在工具组上右击即可弹出隐藏的工具。单击工具箱中的某一个工具，即可选择该工具。

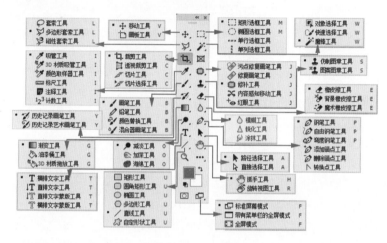

图 2-11　工具箱

2.1.3　工具选项栏

　　Photoshop 的工具选项栏提供了控制工具属性的选项，其显示内容根据所选工具的不同而发生变化，选择相应的工具后 Photoshop 的工具选项栏将显示该工具可使用的功能和可进行的编辑操作等。工具选项栏一般被固定放置在菜单栏的下方。如图 2-12 所示为在工具箱中选择 (矩形选框工具) 后，显示的该工具的选项栏。

图 2-12　工具选项栏

2.1.4　状态栏

　　状态栏位于图像窗口的底部，用来显示当前打开文件的一些信息，如图 2-13 所示。单击黑色三角形打开子菜单，即可显示状态栏包含的所有可显示选项。

　　其中各选项的含义如下。

● Adobe Drive：用来连接 Version Cue 服务器中的 Version Cue 项目，可以让设计人员合理处理公共文件，从而让设计人员轻松地跟踪或处理多个版本的文件。

● 文档大小：在图像所占空间中显示当前所编辑图像的文档大小情况。

● 文档配置文件：在图像所占空间中显示当前所编辑图像的图像模式，如 RGB 颜色、灰度、CMYK 颜色等。

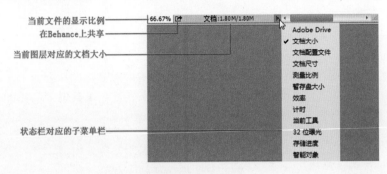

图 2-13　状态栏

- 文档尺寸：显示当前所编辑图像的尺寸大小。
- 测量比例：显示当前进行测量的比例。
- 暂存盘大小：显示当前所编辑图像占用暂存盘的大小情况。
- 效率：显示当前所编辑图像操作的效率。
- 计时：显示当前所编辑图像操作所用的时间。
- 当前工具：显示当前进行图像编辑时用到的工具名称。
- 32 位曝光：编辑图像曝光只在 32 位图像中起作用。
- 存储进度：用来显示后台存储文件的时间进度。
- 智能对象：用来显示智能化的丢失信息和已更改的信息。

2.1.5　控制面板区

　　Photoshop 从 CS3 版本以后的面板组，可以将不同类型的面板归类到相应的组中并将其停靠在右边面板组中，在用户处理图像时需要哪个面板，只要单击标签就可以快速地找到相应的面板，而不必再到菜单中打开。在默认状态下，只要执行菜单栏中的"窗口"命令，就可以在下拉菜单中选择相应的面板，之后该面板就会出现在面板组中。如图 2-14 所示为展开状态下的面板组。

　　工具箱和面板组默认处于固定状态，只要使用鼠标拖动上面的标题到工作区域，就可以将固定状态变为浮动状态。

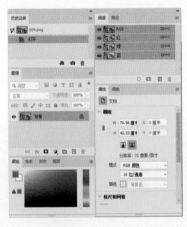

图 2-14　面板组

提　示

　　在工具箱或面板处于固定状态时将其关闭，再次打开后，其仍然处于固定状态；当工具箱或面板处于浮动状态时将其关闭，再次打开后，其仍然处于浮动状态。

2.1.6　图像窗口

图像窗口是 Photoshop 显示、绘制和编辑图像的主要操作区域，用于显示用户正在处理的文件。图像窗口的标题栏中，除了显示当前图像的名称外，还显示图像的显示比例、色彩模式等信息。可以将图像窗口设置为选项卡式窗口，并且在某些情况下可以进行分组和放置。

2.2　图像操作的基本概念

在开始学习室内效果图设计之前，应了解一些有关图像方面的专业知识，这将有利于制作图像。本节将介绍一些最基本的与图像相关的概念。

2.2.1　图像类型

图像文件大致可以分为两大类：一类为位图图像；另一类为矢量图形。了解和掌握这两类图像的差异，对于创建、编辑和导入图片都有很大的帮助。

1. 位图

位图图像也被称为点阵图像或绘制图像，是由称作像素（图片元素）的单个点组成的。对这些点可以进行不同的排列和染色以构成图样。当放大位图时，可以看见构成整个图像的无数单个方块。扩大位图的尺寸，实际上是增大单个像素，会使线条和形状显得参差不齐。然而，如果从稍远的位置观看它，位图图像的颜色和形状又显得是连续的。常用的位图处理软件是 Photoshop。

将一幅位图图像放大显示时，其效果对比如图 2-15 所示。可以看出，将位图图像放大后，图像的边缘产生了明显的锯齿状。

图 2-15　位图放大效果对比

2. 矢量图

矢量图也叫面向对象绘图，是用数学方式描述的曲线及曲线围成的色块制作的图形。它们在计算机内部表示成一系列的数值而不是像素点，这些值决定了图形如何在屏幕上显示。用户所做的每一个图形、打印的每一个字母都是一个对象，每个对象都可以决定其外形的路径，一个对象与别的对象相互隔离，因此用户可以自由地改变对象的位置、形状、大小和颜色。同时，由于这种保存图像信息的办法与分辨率无关，因此无论放大或缩小多少，都有一样平滑的边缘，一样的视觉细节和清晰度。

矢量图形尤其适用于标志设计、图案设计、文字设计、版式设计等，它所生成的文件也比位图文件要小。基于矢量绘画的软件有 CorelDRAW、Illustrator 等。

将一幅矢量图形放大后，矢量图形的边缘并没有产生锯齿效果，如图 2-16 所示。

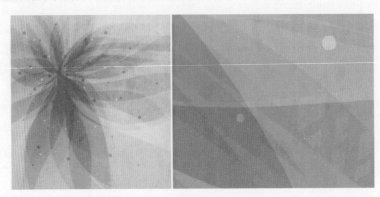

图 2-16　矢量图放大效果对比

提　示

如果希望位图图像放大后边缘保持光滑，就必须增加图像中的像素数目，此时图像占用的磁盘空间就会加大。在 Photoshop 中，除了路径外，我们遇到的图形均属于位图图像。

由此可以看出，位图与矢量图最大的区别在于：基于矢量图的软件原创性比较大，主要长处在于原始创作；而基于位图的处理软件，后期处理比较强，主要长处在于图片的处理。比较矢量图和位图的差别可以看到，放大的矢量图的边缘和原图一样圆滑，而放大的位图的边缘就有锯齿状。

提　示

矢量图进行任意缩放都不会影响分辨率，矢量图形的缺点是不能表现色彩丰富的自然景观与色调丰富的图像。

但是不能说基于位图处理的软件就只能处理位图、基于矢量图处理的软件就只能处理矢量图。例如，CorelDRAW 虽然是基于矢量图的程序，但它不仅可以导入（或导出）矢量图形，甚至可以利用 CorelTrace 将位图转换为矢量图，也可以将 CorelDRAW 中创建的图形转换为位图导出。

2.2.2　图像格式

图像文件格式就是存储图像数据的方式，它决定了图像的压缩方法、支持 Photoshop 的何种功能以及文件是否与其他文件相兼容等属性。下面介绍一些常见的图像格式。

● PSD：它是 Photoshop 的默认存储格式，能够保存图层、蒙版、通道、路径、未栅格化的文字、图层样式等。在一般情况下，保存文件都采用这种格式，以便随时进行修改。PSD 格式的应用非常广泛，可以直接将这种格式的文件置入 Illustrator、InDesign 和 Premiere 等 Adobe 软件中。

- PSB：它是一种大型文档格式，可以支持最高达到 300 000 像素的超大图像文件。它支持 Photoshop 的所有功能，可以保存图像的通道、图层样式和滤镜效果不变，但是只能在 Photoshop 中打开。
- BMP：它是微软开发的固有格式，这种格式被大多数软件支持。此格式采用一种叫 RLE 的无损压缩方式，对图像质量不会产生影响。BMP 格式主要用于保存位图图像，支持 RGB、位图、灰度和索引颜色模式，但是不支持 Alpha 通道。
- GIF：它是输出图像到网页最常用的格式。采用 LZW 压缩，支持透明背景和动画，被广泛应用在网络中。
- DICOM：通常用于传输和保存医学图像，如超声波和扫描图像。此种格式的文件包含图像数据和标头，其中存储了有关医学图像的信息。
- EPS：它是为 PostScript 打印机上输出图像而开发的文件格式，是处理图像工作中最重要的格式，被广泛应用在 Mac 和 PC 环境下的图形设计和版面设计中，几乎所有图形、图表和页面排版程序都支持这种格式。
- IFF：由 Commodore 公司开发，由于该公司已退出计算机市场，因此 IFF 格式也将逐渐被淘汰。
- JPEG：它是平时最常用的一种图像格式，也是一种最有效、最基本的有损压缩格式，被绝大多数的图形处理软件所支持。
- DCS：它是 Quark 开发的 EPS 格式的变种，主要在支持这种格式的 QuarkXPress、PageMaker 和其他应用软件上工作。DCS 便于分色打印，Photoshop 在使用 DCS 格式时，必须转换成 CMYK 颜色模式。
- PCX：它是 DOS 格式下的古老程序 PC PaintBrush 固有格式的扩展名，目前并不常用。
- PDF：它是由 Adobe Systems 创建的一种文件格式，允许在屏幕上查看电子文档。PDF 文件还可被嵌入 Web 的 HTML 文档中。
- RAW：它是一种灵活的文件格式，主要用于在应用程序与计算机平台之间传输图像。RAW 格式支持具有 Alpha 通道的 CMYK、RGB 和灰度模式，以及无 Alpha 通道的多通道、Lab、索引和双色调模式。
- PXR：它是专为高端图形应用程序设计的文件格式，支持具有单个 Alpha 通道的 RGB 和灰度图像。
- PNG：它是专为 Web 开发的，是一种将图像压缩到 Web 上的文件格式。PNG 格式与 GIF 格式不同的是，PNG 格式支持 24 位图像并产生无锯齿状的透明背景。PNG 格式由于可以实现无损压缩，并且可以存储透明区域，因此常用来存储背景透明的素材。
- SCT：支持灰度图像、RGB 图像和 CMYK 图像，但是不支持 Alpha 通道，主要用于 Scitex 计算机上的高端图像处理。
- TGA：专用于使用 TrueVision 视频版的系统，它支持一个单独 Alpha 通道的 32 位 RGB 文件，以及无 Alpha 通道的索引、灰度模式，并且支持 16 位和 24 位的 RGB 文件。

W **提 示**

在渲染 3ds Max 图像时，尽量将其存储为 TGA 格式，因为该格式是带有通道的一种格式，所以，可以根据通道选择出图像。

- TIFF：它是一种通用的文件格式，所有绘画、图像编辑和排版程序都支持该格式，而且几乎所有桌面扫描仪都可以产生 TIFF 图像。TIFF 格式支持具有 Alpha 通道的 CMYK、RGB、Lab、索引颜色和灰度图像，以及没有 Alpha 通道的位图模式图像。Photoshop 可以在 TIFF 文件中存储图层和通道，但是如果在另外一个应用程序中打开该文件，那么只有拼合图像才是可见的。
- 便携位图格式 PBM：支持单色位图（即 1 位 / 像素），可以用于无损数据传输。因为许多应用程序都支持这种格式，所以可以在简单的文本编辑器中编辑或创建这类文件。

2.2.3 像素

像素 (Pixel) 是由 Picture(图像) 和 Element(元素) 两个单词的字母所组成的词汇，可以将一幅图像看成是由无数个点组成的，其中，组成图像的一个点就是一个像素。像素是构成图像的最小单位，它的形态是一个小方块。如果把位图图像放大数倍，会发现这些连续的色调其实是由许多色彩相近的小方块所组成的，而这些小方块就是构成位图图像的最小单位"像素"。越高位的像素，其拥有的色板也就越丰富，越能表达出颜色的真实感。

2.2.4 分辨率

分辨率决定了位图图像细节的精细程度。

通常情况下，图像的分辨率越高，所包含的像素就越多，图像就越清晰，印刷的质量也就越好。同时，它也会增加文件占用的存储空间。图 2-17 和图 2-18 所示为将位图放大数倍显示出的像素点状态的对比。

图 2-17 百分百显示图像

图 2-18 放大后的图像

提　示

在 Photoshop 中，图像像素被直接转换为显示器的像素。这样，如果图像分辨率比显示器图形分辨率高，那么图像在屏幕上显示的尺寸要比它实际打印尺寸大。

提　示

计算机在处理分辨率较高的图像时速度会变慢；另外，图像在存储或者在网上传输时，会消耗大量的磁盘空间和传输时间，所以在设置图像时最好根据图像的用途改变图像分辨率。在更改分辨率时，要考虑图像显示效果和传输速度。

图像分辨率直接影响到图像的最终效果。图像在打印输出之前，都是在计算机屏幕上操作的，打印输出时就应根据其用途不同而有不同的设置要求。分辨率有很多种，经常接触到的分辨率有以下几种。

- 屏幕分辨率：屏幕分辨率是指计算机屏幕上的显示精度，是由显卡和显示器共同决定的。一般以水平方向与垂直方向像素的数值来反映。例如 1024×768 表示水平方向的像素值是 1024 像素，而垂直方向的像素值是 768 像素。
- 打印分辨率：打印分辨率又称打印精度，是由打印机的品质决定的。一般以打印出来的图纸上单位长度中墨点的多少来反映（以水平方向×垂直方向来表示），单位为 dpi（像素／英寸）。打印分辨率越高，意味着打印的喷墨点越精细，表现在打印出的图纸上是直线更挺、斜线的锯齿更小，色彩也更加流畅。
- 图像的输出分辨率：图像的输出分辨率是与打印分辨率、屏幕分辨率无关的另一个概念，它与一个图像自身所包含的像素的数量（图形文件的数据尺寸）以及要求输出的图幅大小有关，一般以水平方向或垂直方向上单位长度中的像素数值来反映，单位为 ppi 或 ppc，如 500ppi、75ppc 等。图像的输出分辨率的计算公式为：输出分辨率×图幅大小（宽或高）= 图像文件的数据尺寸（对应的宽或高）。由此可见，随着输出分辨率的提高，图像文件的数据尺寸也会相应增大，给计算机中的运算和文件存储增加了负担。因此，应当选择合适的输出分辨率，而不是输出分辨率越高越好。

2.2.5　图层

图层是 Photoshop 软件中很重要的一部分，是学习 Photoshop 必须掌握的基础概念之一。那么究竟什么是图层呢？它又有什么意义和作用呢？

简单地讲，图层就是一张张透明的胶片，每一个图层中都包含着各种各样的图像。当这些类似透明的胶片重叠在一起时，胶片中的图像也将会一起显示出来（也有可能被遮挡），我们可以修改每一个图层中的图像，而不影响其他的图层，这是它最基本的工作原理。如图 2-19 所示，左图为调整亮度后的效果，右图为隐藏调整亮度图层的效果。

图 2-19　查看图层

2.2.6　路径

在 Photoshop 中使用钢笔工具可以绘制精确的矢量图形，还可以通过创建的路径对图像进行选取，转换成选区后即可对选择区域进行相应编辑或创建蒙版，通过"路径"面板可以对创建的路径进行进一步编辑，如图 2-20 所示。

- ● （用前景色填充路径）：确定当前创建有路径，单击该按钮，可以填充路径为前景色。
- ○ （用画笔描边路径）：确定当前创建有路径，单击该按钮，可以为当前路径创建描边，描边为前景颜色。
- ⬚ （将路径作为选区载入）：单击该按钮，可以将当前绘制的路径载入选区。
- ◇ （从选区生成工作路径）：单击该按钮，可以将选区转换为路径。
- ▣ （添加矢量蒙版）：该工具按钮与"图层"面板中的"添加矢量蒙版"按钮相同，都是为选区添加一个蒙版层。

图 2-20　编辑路径

- ⬏ （创建新路径）：单击该按钮，可以创建新的路径层。
- 🗑 （删除当前路径）：选择一个路径层，单击该按钮，即可删除当前的路径层。

通常路径需要使用路径工具来进行绘制和编辑，下面是工具箱中常用的路径绘制和编辑工具。

- ✐. （钢笔工具）：以锚点方式创建区域路径，主要用于绘制矢量图形和选取对象。
- ✐ （自由钢笔工具）：用于绘制比较随意的图形，使用方法与套索工具非常相似。
- ✐ （弯度钢笔工具）：使用点来绘制或更改路径或形状。
- ✐ （添加锚点工具）：将鼠标指针放在路径上，单击即可添加一个锚点。
- ✐ （删除锚点工具）：用于删除路径上已经创建的锚点。
- ⋏ （转换点工具）：用来转换锚点的类型（角点和平滑点）。

- ◤（路径选择工具）：在路径浮动窗口内选择路径，可以显示出锚点。
- ◤（直接选择工具）：只移动两个锚点之间的路径。

2.2.7　通道

　　Photoshop 中因颜色模式的不同而产生不同的通道，在通道中显示的图像只有黑、白两种颜色。Alpha 通道是计算机图形学中的术语，指的是特别的通道。通道中白色部分会在图层中创建选区，黑色部分就是选区以外的部分，灰色部分是黑、白两色的过渡产生的选区，会有羽化效果。在图层中创建的选区可以存储到通道中。图 2-21 ～图 2-23 所示分别为同一张图像在 RGB 颜色模式、CMYK 颜色模式和 Lab 颜色模式下的通道。

图 2-21　RGB 通道

图 2-22　CMYK 通道

图 2-23　Lab 通道

2.2.8　蒙版

　　Photoshop 中的蒙版可以对图像的某个区域进行保护，在运用蒙版处理图像时不会破坏图像，如图 2-24 所示，使用蒙版选取模型时一般是结合通道来制作蒙版的。在快速蒙版状态下可以通过画笔工具、橡皮擦工具或选区工具来增加或减少蒙版范围。在图层蒙版中，蒙版可以将该图层中的局部区域隐藏起来，但不会破坏图层中的图像。

图 2-24　创建蒙版的图像

　　在 Photoshop 中，蒙版的作用就是用来遮盖图像的，这一点从蒙版的概念中也能体现出来。与 Alpha 通道相同的是，蒙版也使用黑、白、灰来标记。系统默认状态下，黑色区域用来遮盖图像，白色区域用来显示图像，而灰色区域则表现出图像若隐若现的效果。

　　通过修改图层蒙版，可以制作各种特殊效果，而实际上并不会影响该图层上的像素，如图 2-25 所示。

图 2-25　图层蒙版

　　图层蒙版以灰度显示，其中白色部分对应的该层图像内容完全显示，黑色部分对应的该层图像内容完全隐藏，中间灰度对应的该层图像内容产生相应的透明效果。另外，图像的背景层是不可以加入图层蒙版的。

2.3　像素尺寸与打印图像分辨率

　　像素尺寸测量了沿图像的宽度和高度的总像素数。分辨率是指位图图像中的细节精细度，测量单位是像素 / 英寸 (ppi)。每英寸的像素数越多，分辨率就越高。一般来说，图像的分辨率越高，得到的印刷图像的质量就越好。

　　图 2-26 中，两幅相同的图像，分辨率分别为 72 ppi 和 300 ppi，套印缩放比率为 200%。

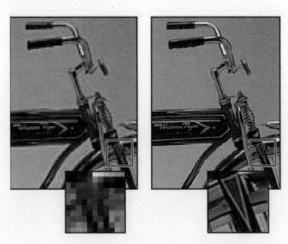

图 2-26　不同分辨率和缩放比率的图像效果

　　除非对图像进行重新取样，否则当更改像素尺寸或分辨率时，图像的数据量将保持不变。例如，如果更改文件的分辨率，则会相应地更改文件的宽度和高度，以便使图像的数据量保持不变。但是，在图片处理时经常会需要修改文件大小及分辨率，以满足设计的具体要求。那么该如何修改文件大小及分辨率呢？方法如下。

◎ 动手操作——修改文件大小及分辨率 ●○

❶ 按 Ctrl+O 组合键，打开随书附带的"素材 \ 第 2 章 \ 影音室 .jpg"文件，如图 2-27 所示。
❷ 在菜单栏中选择"图像 > 图像大小"命令，弹出"图像大小"对话框，如图 2-28 所示。

图 2-27　打开的文件　　　　　　　　图 2-28　"图像大小"对话框

❸ 在"图像大小"对话框中设置"分辨率"为 30 像素 / 英寸，在"宽度"和"高度"后的下拉列表框中选择"百分比"选项，设置"宽度"和"高度"均为 41.67，对话框中显示"图像大小：1.34M（之前为 7.72M）"，如图 2-29 所示。
❹ 单击"确定"按钮，效果如图 2-30 所示。

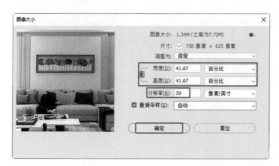

图 2-29　设置图像大小参数　　　　　　图 2-30　设置图像大小后的效果

需要注意的是，这样修改完成后，虽然图像的尺寸变大了，但是图像的清晰度不是很好，所以，如果想得到清晰度很高的图片，原始的尺寸或者分辨率必须很高才可以。

2.4　提高 Photoshop 的工作效率

下面通过一些设置来提高制作 Photoshop 的工作效率。

2.4.1　优化工作界面

启动 Photoshop 软件，首先我们看到的是文档窗口和一些标准的工具及面板命令等，如图 2-31 所示。

图 2-31　Photoshop 工作界面

　　将一些不需要的面板拖曳出来，将其关闭，如图 2-32 所示，并将一些常用的面板放置
到右侧的面板列中，这样可以减少占用软件的绘图空间。

图 2-32　拖曳出面板

提　示

　　如果在以后的制作中需要打开关闭的面板，可在"窗口"菜单中打开。

　　如果一次打开多个文件，可以使用菜单栏中的"窗口 > 排列"命令根据情况选择文件排
列的样式，如图 2-33 所示。排列的窗口如图 2-34 所示。

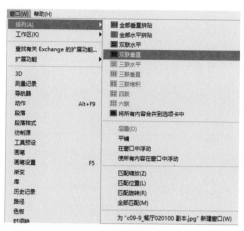

图 2-33　选择排列窗口命令　　　　　　　图 2-34　排列窗口

另一个优化工作界面的方法就是工具箱中的屏幕模式。

- 　（标准屏幕模式）：该模式可以显示菜单栏、标题栏、滚动条和其他屏幕元素。
- 　（带有菜单栏的全屏模式）：该模式可以显示菜单栏、50% 的灰色背景、无标题栏和滚动条的全屏窗口。
- 　（全屏模式）：该模式只显示黑色背景和图像窗口，如果要退出全屏模式，可以按 Esc 键。如果按 Tab 键，将切换到带有面板的全屏模式，这种模式是最简洁的模式，在使用时最好是掌握各种命令和工具的快捷键才可以进行操作。

2.4.2　文件的快速切换

在 Photoshop 中如果打开多个文件，打开的这些文件只排列到一个窗口中，如图 2-35 所示。在这种情况下想要切换到其他的效果中，可以单击文档窗口右上角的扩展箭头 >> ，弹出文件的名称，从中选择文件，即可切换到相应的效果中，如图 2-36 所示。

切换文档效果的快捷键为 Ctrl+Tab。

图 2-35　打开的多个窗口

图 2-36　切换窗口菜单

2.4.3 其他优化设置

下面介绍如何设置缓存、历史记录等首选项。

在菜单栏中选择"编辑＞首选项＞暂存盘"命令，在弹出的"首选项"对话框中设置暂存盘，这里我们选择 E:\、G:\ 两个盘符，这样可以避免因为一个缓存盘的空间不够而停止工作，如图 2-37 所示。

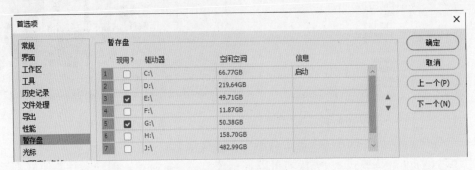

图 2-37　设置"暂存盘"选项

选择"文件处理"选项，在对话框右侧可以设置自动存储恢复信息的间隔和近期文件列表包含多少个文件，从中可以设置自己需要的恢复、存储时间和打开文件中的最近文件个数，如图 2-38 所示。

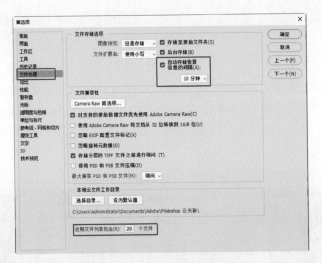

图 2-38　设置"文件处理"选项

选择"工具"选项，在对话框右侧选中"用滚轮缩放"复选框，这样在制作中就可以不用切换到放大镜工具和输入数据来调整窗口的大小了，直接用滚轮来调整缩放即可，如图 2-39 所示。

选择"工作区"选项，在对话框右侧选中"自动折叠图标面板"复选框，这样在不使用面板的时候将自动折叠起来，方便处理图像，如图 2-40 所示。

可以看一下其他的首选项设置，根据自己的情况来设置一个方便制作的首选项快捷模式。

图 2-39　设置"工具"选项

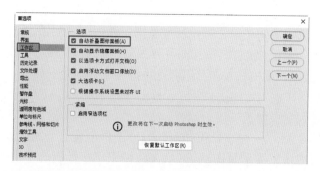

图 2-40　设置"工作区"选项

2.5　图层

对图层进行操作可以说是 Photoshop 中使用最频繁的一项工作。通过建立图层，然后在各个图层中分别编辑图像的各个元素，可以产生既富有层次，又彼此关联的整体图像效果。所以，在编辑图像的同时图层是必不可少的。

2.5.1　图层概述

每一个图层都是由许多像素组成的，而图层又通过上下叠加的方式来组成整个图像。打个比喻，每一个图层就好像是一个透明的玻璃，而图层内容就画在这些玻璃上，如果玻璃上什么都没有，说明它是一个完全透明的空图层；当各玻璃上都有图像时，自上而下俯视所有图层，从而形成图像显示效果。对图层的编辑可以通过菜单或面板来完成。图层被存放在"图层"面板中，其中包含当前图层、文字图层、背景图层、智能对象图层等。在菜单栏中选择"窗口>图层"命令，即可打开"图层"面板，如图 2-41 所示。

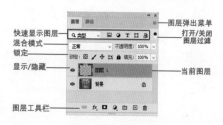

图 2-41　"图层"面板

- 图层弹出菜单：单击此按钮可弹出"图层"面板的编辑菜单，用于在图层中进行编辑操作。

- 快速显示图层：用来对多图层文档中的特色图层进行快速显示。在该下拉列表框中包含类型、名称、效果、模式、属性和颜色。选择某选项时，在后面会出现与之对应的选项。例如选择"类型"选项时，在右边会出现显示调整图层内容、显示文字图层、显示路径等。

- 打开或关闭图层过滤：拖动滑块到上面时激活快速选择图层功能，拖动滑块到下面时会关闭此功能，使面板恢复旧版本"图层"面板的功能。

- 混合模式：用来设置当前图层中图像与下面图层中图像的混合效果。

- 不透明度：用来设置当前图层的透明程度。

- 锁定：包含锁定透明像素、锁定图像像素、锁定位置和锁定全部。

- 显示/隐藏：单击"眼睛"图标即可将图层在显示与隐藏之间进行转换。

- ◷ (链接图层)：单击该按钮可以将选中的多个图层进行链接。

- *fx.* (添加图层样式)：单击此按钮可弹出"图层样式"下拉列表，在其中可以选择相应的样式到图层中。

- ▣ (添加图层蒙版)：单击此按钮可为当前图层创建一个蒙版。

- ◑. (创建新的填充或调整图层)：单击此按钮，在弹出的下拉列表中可以选择相应的填充或调整选项，之后会在"调整"面板中进行进一步编辑。

- ▢ (创建新组)：单击此按钮会在"图层"面板中新建一个用于放置图层的组。

- ⊞ (创建新图层)：单击此按钮会在"图层"面板中新建一个空白图层。

- 🗑 (删除图层)：单击此按钮可以将当前图层从"图层"面板中删除。

2.5.2 图层的混合模式

当两个图层重叠时，通常默认状态为"正常"，同时 Photoshop 也提供了多种不同的色彩混合模式，适当地更改混合模式会使图像得到意想不到的效果。

混合模式得到的结果与图层的明暗色彩有直接的关系，因此进行混合模式的选择时，必须根据图层的自身特点灵活运用。在"图层"面板中，单击混合模式右侧的下拉按钮，在弹出的下拉列表中可以选择各种图层混合模式，如图 2-42 所示。

2.5.3 图层的属性

单击"图层"面板右上角的■按钮，在弹出的下拉菜单中选择"图层属性"命令，或在菜单栏中选择"图层>图层属性"命令，在弹出的对话框中可以设置图层的名称，以及图层的显示颜色。

2.5.4 图层的操作

下面介绍图层的基本操作。

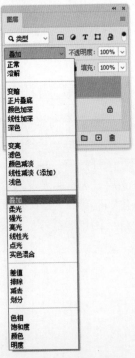

图 2-42　图层混合模式

1. 使用"图层"面板或工具箱新增图层

新增图层指的是在原有图层或图像上新建一个可用于参与编辑的图层。在"图层"面板中新增图层的方法有 3 种：第 1 种是新建空白图层；第 2 种是在当前文档的"图层"面板中直接复制而得到的图层拷贝；第 3 种是将另外文档中的图像复制过来而得到的图层。创建新图层的方法如下。

- 在"图层"面板中单击⊞（创建新图层）按钮，就会创建一个新图层，如图 2-43 所示。
- 在"图层"面板中拖动当前图层到⊞（创建新图层）按钮上，即可得到该图层的复制图层，如图 2-44 所示。
- 使用⊕（移动工具）拖动图像或选区内的图像到另一文档中，此时会新建一个图层。

图 2-43　新建图层

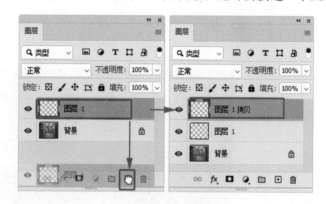

图 2-44　复制图层

2. 使用菜单新增图层

1) 新建图层

在菜单栏中选择"图层 > 新建 > 图层"命令（或按 Shift+Ctrl+N 组合键），弹出如图 2-45 所示的"新建图层"对话框。

在该对话框中可以设置图层的名称、颜色、模式和不透明度等属性。

2) 直接复制图层

在菜单栏中选择"图层 > 复制图层"命令，弹出如图 2-46 所示的"复制图层"对话框。

在该对话框中可以命名复制图层的名称和目标文档。

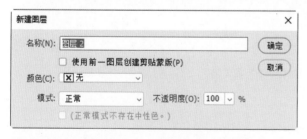

图 2-45　"新建图层"对话框

图 2-46　"复制图层"对话框

3. 显示与隐藏图层

显示与隐藏图层指的是将被选择图层中的图像在文档中进行显示与隐藏。方法是：在"图层"面板中单击"眼睛"图标，即可将图层在显示与隐藏之间进行转换。

4. 选择图层并移动图像

在"图层"面板中单击需要选择的图层，即可选择图层并将其转变为当前工作图层。再使用工具箱中的 ✛ （移动工具）在效果图中将图像进行移动，如图 2-47 所示。

图 2-47　选择图层并移动对象

使用 ✛ （移动工具）在工具选项栏中设置"自动选择"选项后，在图像上单击，即可将该图像对应的图层选取，如图 2-48 所示。

图 2-48　设置移动工具选项

5. 调整图层顺序

更改图层堆叠顺序指的是在"图层"面板中更改图层之间的上下顺序，方法如下。

● 在菜单栏中选择"图层 > 排列"命令，在弹出的子菜单中选择相应的命令就可以对图层的顺序进行改变。

● 在"图层"面板中拖动当前图层到该图层的上方或下方的缝隙处，此时鼠标指针会变成手状，释放鼠标即可更改图层顺序，如图 2-49 所示。

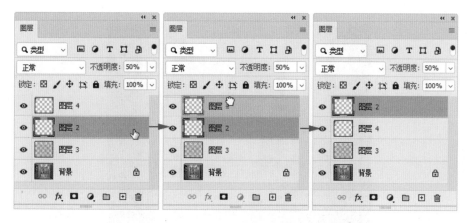

图 2-49　调整图层顺序

6. 链接图层

　　链接图层指的是将两个以上的图层链接到一起，被链接的图层可以一起被移动或变换。链接方法是：在"图层"面板中按住 Ctrl 键，在要链接的图层上单击，将其选中后，单击"图层"面板中的 ⊖（链接图层）按钮，此时在链接图层中会出现链接符号 ⊖，如图 2-50 所示。

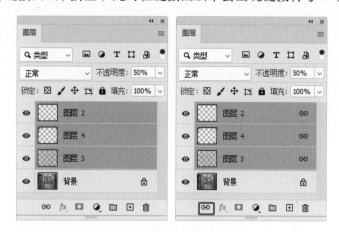

图 2-50　链接图层

7. 锁定图层

　　在"图层"面板中选择相应图层后，单击面板中的锁定按钮即可将当前选取的图层锁定。锁定图层的好处是编辑图像时会对锁定的区域进行保护。

　　1）锁定快速查找功能

　　在"图层"面板中单击"打开 / 关闭图层过滤"按钮，当变为 图标时，表示取消快速查找图层功能；当变为 图标时，表示启用快速查找图层功能。

　　2）锁定透明区域

　　图层透明区域被锁定，此时图层中的图像部分可以被移动并可以对其进行编辑。例如，使用画笔在图层上绘制时只能在有图像的地方绘制，透明区域是不能使用画笔的，如图 2-51 所示。

图 2-51　锁定透明区域

3）锁定像素

图层内的图像可以被移动和变换，但是不能对该图层进行调整或应用滤镜。

4）锁定位置

图层内的图像是不能被移动的，但是可以对该图层进行编辑。

5）锁定全部

用来锁定图层的全部内容，使其不能进行操作。

8. 删除图层

删除图层指的是将选择的图层从"图层"面板中清除。在"图层"面板中拖动选择的图层到 🗑（删除）按钮上，即可将其删除。

当面板中存在隐藏图层时，在菜单栏中选择"图层 > 删除 > 隐藏图层"命令，即可将隐藏的图层删除。

9. 合并图层

1）拼合图像

拼合图像指的是将多图层图像以可见图层的模式合并为一个图层，被隐藏的图层将会被删除。在菜单栏中选择"图层 > 拼合图像"命令，弹出如图 2-52 所示的提示框，单击"确定"按钮，即可完成拼合。

2）向下合并图层

向下合并图层指的是将当前图层与下面的一个图层合并。在菜单栏中选择"图层 > 合并图层"命令或按 Ctrl+E 组合键，即可完成当前图层与下一图层的合并。

3）合并所有可见图层

合并所有可见图层指的是将面板中显示的图层合并为一个单一图层，隐藏图层不被删除。在菜单栏中选择"图层 > 合并可见图层"命令或按 Shift+Ctrl+E 组合键，即可将显示的图层合并。

4）合并选择的图层

合并选择的图层是将面板中被选中的图层合并为一个图层。方法是：选择两个以上的图层后，在菜单栏中选择"图层 > 合并图层"命令（或按 Ctrl+E 组合键），即可将选择的图层合并为一个图层。

5) 盖印图层

盖印图层是将面板中显示的图层合并到一个新图层中，原来的图层还存在。按 Ctrl+Shift+Alt+E 组合键，即可对文件执行盖印功能，如图 2-53 所示。

图 2-52　提示框

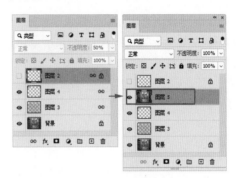

图 2-53　盖印图层

6) 盖印选择的图层

盖印选择的图层是将选择的多个图层盖印为一个合并图层，原图层还存在，按 Ctrl+Alt+E 组合键，即可将选择的图层盖印为一个合并后的图层。

7) 合并图层组

合并图层组是将整组中的图像合并为一个图层。在"图层"面板中选择图层组后，在菜单栏中选择"图层 > 合并组"命令，即可将图层组中所有图层合并为一个单独图层。

2.5.5　图层蒙版

图层蒙版可以理解为在当前图层上面覆盖一层玻璃片，这种玻璃片有透明和黑色不透明两种，前者显示全部，后者隐藏部分。然后用各种绘图工具在蒙版上（即玻璃片上）涂色（只能涂黑、白、灰色），涂黑色的地方蒙版变为不透明，看不见当前图层的图像；涂白色则使涂色部分变为透明，可看到当前图层上的图像；涂灰色使蒙版变为半透明，透明的程度由涂色的深浅决定。

1. 创建图层蒙版

图像中存在选区时，单击 ◻（添加图层蒙版）按钮，可以在选区内创建透明蒙版，在选区以外创建不透明蒙版；按住 Alt 键单击 ◻（添加图层蒙版）按钮，可以在选区内创建不透明蒙版，在选区以外创建透明蒙版。

2. 显示与隐藏图层蒙版

创建蒙版后，可以通过显示与隐藏图层蒙版的方法对整体图像进行预览，查看添加图层蒙版与未添加图层蒙版的对比效果。操作方法是：在菜单栏中选择"图层 > 蒙版 > 停用"命令，或在蒙版缩览图上右击，在弹出的快捷菜单中选择"停用图层蒙版"命令，此时在蒙版缩览图上会出现一个红叉，表示此蒙版被停用。在菜单栏中选择"图层 > 蒙版 > 启用"命令，或在蒙版缩览图上右击，在弹出的快捷菜单中选择"应用图层蒙版"命令，即可重新应用蒙版效果。

3. 删除图层蒙版

删除图层蒙版指的是将添加的图层蒙版从图像中删除。操作方法是：创建蒙版后，在菜单栏中选择"图层>蒙版>删除"命令，即可将当前应用的蒙版效果从图层中删除，图像恢复原来的效果。

拖动蒙版缩览图到"删除"按钮 🗑 上，此时系统会弹出如图 2-54 所示的提示框，单击"删除"按钮即可将图层蒙版从图像中删除；单击"应用"按钮可以将蒙版与图像合成为一体；单击"取消"按钮将不执行操作。

图 2-54　删除蒙版

4. 应用图层蒙版

应用图层蒙版指的是将创建的图层蒙版与图像合为一体。操作方法是：创建蒙版后，在菜单栏中选择"图层>图层蒙版>应用"命令，或在蒙版缩览图上右击，在弹出的快捷菜单中选择"应用图层蒙版"命令，即可将当前应用的蒙版效果直接与图像合并，如图 2-55 所示。

5. "属性"面板

当选择蒙版缩览图时，"属性"面板中会显示关于蒙版的参数设置，可以对创建的图层蒙版进行更加细致的调整，使图像合成更加细腻，使图像处理更加方便。创建蒙版后，在菜单栏中选择"窗口>属性"命令，即可打开如图 2-56 所示的"属性"面板。

图 2-55　应用蒙版

图 2-56　"属性"面板

● ◙（选择图层蒙版）：用来为图像创建蒙版或在蒙版与图像之间进行选择。

- ◻（选择矢量蒙版）：用来为图像创建矢量蒙版或在矢量蒙版与图像之间进行选择。图像中不存在矢量蒙版时，只要单击该按钮，即可在该图层中新建一个矢量蒙版。
- 密度：用来设置蒙版中黑色区域的透明程度，数值越大，蒙版缩略图中的颜色越接近黑色，蒙版区域也就越透明。
- 羽化：用来设置蒙版边缘的柔和程度，与选区羽化类似。
- 选择并遮住：单击该按钮可以进入蒙版编辑模式，对蒙版进行编辑。
- 颜色范围：用来重新设置蒙版的效果，单击该按钮即可打开"色彩范围"对话框，具体使用方法与"色彩范围"一样。
- 反相：单击该按钮，可以使蒙版中的黑色与白色进行互换。
- ▦（创建选区）：单击该按钮，可以从创建的蒙版中生成选区，被生成选区的部分是蒙版中的白色部分。
- ◈（应用蒙版）：单击该按钮，可以将蒙版与图像合并，效果与在菜单栏中选择"图层 > 图层蒙版 > 应用蒙版"命令一致。
- ◉（启用与停用蒙版）：单击该按钮可以将蒙版在显示与隐藏之间转换。
- 🗑（删除蒙版）：单击该按钮可以将选择的蒙版缩览图从"图层"面板中删除。

2.6　将图像导入 Photoshop 中

在菜单栏中选择"文件 > 打开"命令（或按 Ctrl+O 组合键），在弹出的"打开"对话框中选择需要打开的文件，接着单击"打开"按钮即可打开该文件。在"查找范围"下拉列表框中可以通过此处设置打开文件的路径；在"文件类型"下拉列表框中可以选择需要打开文件的类型，默认为"所有格式"，如图 2-57 所示。

图 2-57　打开图像

另外，Photoshop 可以记录最近使用过的 10 个文件，在菜单栏中选择"文件 > 最近打开文件"命令，在其下拉菜单中单击文件名即可将其在 Photoshop 中打开，选择底部的"清除最近的文件列表"命令可以删除历史打开记录。但是，首次启动 Photoshop 软件时，或者在运行 Photoshop 软件期间已经执行过"清除最近的文件列表"命令，都会导致"最近打开文件"

命令处于灰色不可用状态。

　　选择一个需要打开的文件，右击，在弹出的快捷菜单中选择"打开方式 > Adobe Photoshop 2020 "命令，可以使用 Photoshop 2020 快速打开该文件。也可以选择一个需要打开的文件，然后将其拖曳到 Photoshop 2020 的应用程序图标上即可快速打开该文件。

2.7　小结

　　本章主要介绍了 Photoshop 的工作界面、图像的类型和格式，并详细介绍了图层的相关内容。图层是 Photoshop 中一项重要的内容，各种素材和效果可以通过图层来辅助调整和制作，希望读者通过对本章的学习可以熟练掌握图层的使用。

第 **3** 章

常用的 Photoshop 工具和命令

　　本章介绍 Photoshop 中常用的工具和命令，其中主要介绍如何使用工具抠取素材图像，介绍常用移动、缩放、图像的编辑工具、渐变工具、图像的色彩调整命令等的应用。

3.1 图像选择工具

Photoshop 处理图像的核心技术就是如何去选择要处理的图像区域。Photoshop 从某种意义上讲其实就是一种选择的艺术。因为该软件本身是一个二维平面处理软件，它的处理对象是区域，选择区域是对图片进行一切修改的前提。

在效果图后期处理中对配景素材的需求量很大，所以熟练运用选择工具就成为必练的基本功。Photoshop 建立选区的方法非常丰富和灵活，根据各种选择工具的选择原理，大致可以分为以下几类。

- 圈地式选择工具。
- 颜色选择工具。
- 路径选择工具。

3.1.1 圈地式选择工具

所谓圈地式选择工具是指可以直接勾画出选择范围的工具，这也是 Photoshop 创建选区最基本的方法。这类工具包括选框工具和套索工具，如图 3-1 和图 3-2 所示。

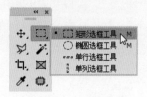

图 3-1　选框工具

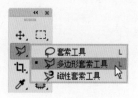

图 3-2　套索工具

①. 选框工具

选框工具适合选择矩形、圆形等比较规范的选区，如图 3-3 所示，而用户在效果图后期处理中选择的配景一般是不规范的，因此该类工具用得很少。

矩形选区　　　　　　　　　　　　　　　　　　椭圆选区

图 3-3　使用选框工具建立的选区

由图 3-3 可以看出，选区建立后，选区的边界就会出现不断闪烁的虚线，以便用户区分选中与未选中的区域，该虚线被称为"蚂蚁线"。

②. 套索工具

套索工具有 3 种：♀（套索工具）、♥（多边形套索工具）和♥（磁性套索工具）。

其中，♀（套索工具）在选择时要一气呵成，如图 3-4 所示。从图中可以看出，套索工具建立的选区非常不规则，同时也不易控制，因而只能用于对选区边缘没有严格要求情况下配景的选中，这对于初学者掌握有一定的难度。

图 3-4　使用套索工具建立的选区

　　 （多边形套索工具）使用多边形圈地的方式来选择对象，可以轻松控制鼠标。由于它所拖出的轮廓都是直线，因而常用来选中边界较为复杂的多边形对象或区域，如图 3-5 所示。在实际工作中， （多边形套索工具）应用较广。

　　 （磁性套索工具）特别适用于选择边缘与背景对比强烈的图像。

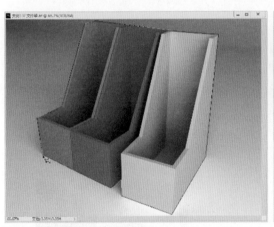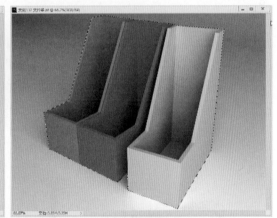

图 3-5　使用多边形套索工具建立的选区

> **提　示**
>
> 　　每次创建选区，调整完成选区操作之后一定要记得使用 Ctrl+D 组合键将选区取消，避免制作过程中出错。

> **技　巧**
>
> 　　按住 Shift 键的同时拖动鼠标可进行水平、垂直或 45° 角方向的选择。

◎ **动手操作——使用套索工具选择配景素材**　　　● ○

❶ 在菜单栏中选择"文件 > 打开"命令,打开随书附带的"素材\第3章\摆件.jpg"文件,
如图3-6所示。

❷ 选择工具箱中的 ⚲(多边形套索工具),然后在图像中的某一位置单击,确定一个
选择点,如图3-7所示。

图3-6　打开的图像文件

图3-7　确定选择起点

❸ 拖动鼠标,在转折处单击继续选择。当 ⚲(多边形套索工具)回到起点时,工具的
下方就会出现一个小圆圈,如图3-8所示,这时单击可结束选择操作。

❹ 在工具栏中单击 ⧉(从选区减去)按钮,将图像中选区内侧的空白区域减选掉,如
图3-9所示。

图3-8　选择的图像区域

图3-9　减选出的图像

❺ 继续减选其他区域,如图3-10所示。

在选区工具的选项栏中都会有 ▫(新选区)、⧉(添加到选区)、⧉(从选区减去)
和 ⧉(与选区交叉)4个工具,默认为 ▫(新选区)。当选区工具为 ▫(新选区)时,创
建一个选区,再次创建选区时,之前创建的选区会取消选择;当激活 ⧉(添加到选区)时,
可以连续多次创建多个选区;当选择 ⧉(从选区减去)时,可以在源选区中创建减选的选
区范围;当选择 ⧉(与选区交叉)时,则保留创建选区与源选区的交叉区域作为当前选区。

而当选择⬜（新选区）时，按住 Shift 键创建选区与⬛（添加到选区）的功能是相同的，按住 Alt 键创建选区与⬛（从选区减去）功能是相同的，这里需要灵活运用加减选区的方式。

❻ 选取图像选区后，按 Ctrl+J 组合键，将选区中的图像复制到新的图层中，将"背景"图层隐藏，如图 3-11 所示。

图 3-10　创建选区

图 3-11　复制图像到新的图层中

❼ 查看选取的图像，如图 3-12 所示。

❽ 将选取的图像另存为"摆件 .psd"文件。

图 3-12　查看选取的图像

3.1.2　颜色选择工具

颜色选择工具是根据颜色的反差来选择对象。当选择对象或选择对象的背景颜色比较单一时，使用颜色选择工具会比较方便。

Photoshop 提供了两个颜色选择工具，分别是工具箱中的🪄（魔棒工具）和🖌（快速选择工具）。

1. 魔棒工具

🪄（魔棒工具）是根据图像的颜色进行选择的工具，它能够选取图像中颜色相同或相近的区域，选取时只需在颜色相近区域单击即可。

使用🪄（魔棒工具）时，通过工具选项栏可以设置选取的容差、范围和图层，如图 3-13 所示。

图 3-13　魔棒工具选项栏

- 容差：在此文本框中输入 0 ~ 255 之间的数值来确定选取的颜色范围。其值越小，选取的颜色范围与鼠标单击位置的颜色越相近，同时选取的范围也越小；反之，选取的范围则越大，如图 3-14 所示。

图 3-14　不同容差值的选取结果

- 消除锯齿：选中该复选框可以消除选区的锯齿边缘。
- 连续：选中该复选框，在选取时仅选取位置相邻且颜色相近的区域。否则，会将整幅图像中所有颜色相近的区域选择，而不管这些区域是否相连，如图 3-15 所示。

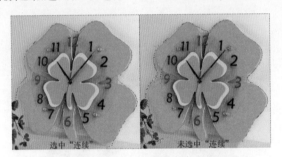

图 3-15　"连续"选项对选择的影响

- 选择主体："选择主体"选项与菜单栏中的"选择 > 主体"命令相同。使用该选项，系统会自动识别主体对象，并根据主体的边界创建选区，从而选择主体图像，如图 3-16 所示。

图 3-16　使用选择主体选择图像

2. 快速选择工具

在使用 选择时，能够快速选择多个颜色相似的区域。该工具的引入，使复杂选区的创建变得简单和轻松。

在选择人物图像时，人物的衣服、头发等有多种颜色，而且颜色的层次变化也很丰富，因此不能直接用 选择。而使用 就可以轻松地把物体选择出来，如图 3-17 所示。

图 3-17 快速选择结果

3.1.3 路径选择工具

路径选择工具根据创建路径转换为选区的方法选择对象。因为路径可以非常光滑，而且可以反复调节各锚点的位置和曲线的形态，因此非常适合建立轮廓复杂而边界要求极为光滑的选区，如人物、汽车等。

Photoshop 有一整套的路径创建和编辑工具，如图 3-18 所示。

图 3-18 路径创建、编辑和选择工具

下面通过使用钢笔工具选择一个摆件素材，来学习钢笔工具的使用方法。

◎ 动手操作——钢笔工具的运用

❶ 在菜单栏中选择"文件>打开"命令，打开随书附带的"素材\第3章\摆件（2）.jpg"文件，如图 3-19 所示。

❷ 选择工具箱中的 ，在此可以通过间隔的单击方式来创建锚点，如图 3-20 所示。

图 3-19　打开的图像文件

图 3-20　创建锚点

❸ 在使用钢笔工具创建锚点时，单击并按住鼠标左键拖动即可创建曲线锚点，如图 3-21 所示。

❹ 继续使用钢笔工具根据轮廓绘制，在钢笔的起点处可以看到钢笔工具出现了一个小句号，单击第一个创建的锚点即可创建封闭的路径，如图 3-22 所示。

图 3-21　创建曲线锚点

图 3-22　创建锚点的闭合

❺ 使用 ▶ （直接选择工具）可以调整锚点到合适的位置，通过调整锚点的控制手柄调整曲线，如图 3-23 所示。

❻ 选择工具箱中的 ▶ （转换点工具），单击一个锚点并拖动鼠标，此时发现会有如图 3-24 所示的手柄出现，随着鼠标的移动，锚点两端的路径也相应地变化。此时释放鼠标，单击其中一侧的手柄，然后拖动鼠标进行调整，被拖动手柄一侧的路径发生变化。如果想改变锚点位置，可以使用工具箱中的 ▶ （直接选择工具）；如果想选择整个路径，可以使用工具箱中的 ▶ （路径选择工具）。

图 3-23　调整锚点

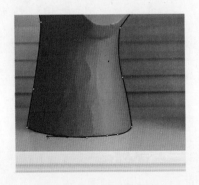

图 3-24　调整路径形状

提 示

当调整曲线时，有时会发现锚点的数量不能满足修改的需要。这时可以使用工具箱中的 🖋 （添加锚点工具）和 🖋 （删除锚点工具）在线段处添加或删除锚点就可以了。

❼ 单击"路径"面板底部的 ○ （将路径作为选区载入）按钮，将路径转换为选区，如图 3-25 所示。

❽ 按 Ctrl+J 组合键，将选区中的图像复制到新的图层中，并将"背景"图层隐藏，如图 3-26 所示。

❾ 调整后，将图像另存为"摆件（2）.psd"文件。

图 3-25　载入选区

图 3-26　复制图像到新的图层

3.2　图像编辑工具

Photoshop 的图像编辑工具主要包括橡皮擦工具、图章工具、修复工具、文字工具、裁剪工具等。

3.2.1　橡皮擦工具

Photoshop 提供了 3 种橡皮擦工具，包括 🖋 （橡皮擦工具）、🖋 （背景橡皮擦工具）和 🖋 （魔术橡皮擦工具）。其中，最常用的是 🖋 （橡皮擦工具）。

在为效果图添加配景时，加入的配景如果边界太清楚，配景会和场景衔接得比较生硬，这时可以用橡皮擦工具对配景的边缘进行修饰，使配景的边缘和效果图场景结合得比较自然。

◎ 动手操作——使用橡皮擦工具处理配景

❶ 在菜单栏中选择"文件 > 打开"命令，打开随书附带的"素材 \ 第 3 章 \ 休闲场所大堂 .psd"文件，如图 3-27 所示。

由图 3-27 可以看出，内部左侧植物配景的边界和室内衔接处过于生硬，接下来用 🖋 （橡皮擦工具）擦除配景的边界，使其与周围衔接得自然些。

图 3-27 打开的图像

❷ 选择配景树所在图层为当前图层，选择工具箱中的 ✎. (橡皮擦工具)，选择一个虚边笔刷，工具选项栏中的各项参数设置如图 3-28 所示。

图 3-28 工具选项栏参数设置

❸ 按住鼠标左键，在配景植物的边缘拖动鼠标将部分图像擦除，直到配景植物和周围环境的衔接比较自然为止，效果如图 3-29 所示。

图 3-29 擦除植物边缘的效果

❹ 将调整后的图像另存为"休闲场所大堂橡皮擦 .psd"文件。

3.2.2 图章工具

图章工具在效果图的后期处理中应用较为广泛，主要用于复制图像，以修补局部图像的不足。图章工具包括 ♣. (仿制图章工具) 和 ♣. (图案图章工具)。在建筑表现中使用较多的是 ♣. (仿制图章工具)。

使用 ♣. (仿制图章工具) 的具体操作步骤是：首先选择合适的笔刷，按住 Alt 键，然后在图像中单击，选取一个采样点，最后在图像的其他位置上拖动鼠标，这样就可以复制图像了，使残缺的图像修补完整。

◎ 动手操作——仿制图章工具的运用

❶ 在菜单栏中选择"文件 > 打开"命令，打开随书附带的"素材\第 3 章\售楼处 .jpg"文件，如图 3-30 所示。

图 3-30 所示为售楼处效果图，下面我们将使用 ♨.（仿制图章工具）复制装饰素材。

❷ 选择工具箱中的 ♨.（仿制图章工具），在工具选项栏中设置一个合适的虚边笔刷。

❸ 将鼠标指针移动到需要复制的图像上，按住 Alt 键的同时单击鼠标左键取样，定义一个参考点，如图 3-31 所示。

图 3-30　打开的图像文件

图 3-31　在图像中定义参考点

❹ 取样之后，在需要复制图像的区域按住鼠标左键拖动，复制取样的图像，如图 3-32 所示。

❺ 使用同样的方法，复制图像，如图 3-33 所示。

图 3-32　复制图像

图 3-33　继续复制图像

❻ 完成操作后，效果如图 3-34 所示，并将图像另存为"售楼处修饰 .jpg"文件。

图 3-34　修饰后的图像效果

3.2.3 修复工具

修复工具包括 ✎（修复画笔工具）、🔲（修补工具）、✛◉（红眼工具）、✖（内容感知移动工具）和 ✎（污点修复画笔工具）。与仿制图章工具不同的是，修复工具除了复制图像外，还会自动调整原图像的颜色和明度，同时虚化边界，使复制图像和原图像无缝结合。在效果图后期处理中经常用的是 🔲（修补工具），因此在这里重点讲述该工具的用法。

◎ 动手操作——修补工具的运用

❶ 在菜单栏中选择"文件 > 打开"命令，打开随书附带的"素材 \ 第 3 章 \ 螺旋楼梯 .tif"文件，如图 3-35 所示。

❷ 在工具箱中选择 🔲（修补工具），复杂区域的修补必须是一个区域一个区域地修补，这里我们先在墙画区域的角几处创建修补选区，如图 3-36 所示。

图 3-35　打开的楼梯图像

图 3-36　创建需要修补的选区

❸ 拖动修补的选区到正确的墙纸区域，如图 3-37 所示。释放鼠标即可修补选区中的图像。

❹ 在角几左侧腿的区域创建选区，如图 3-38 所示。

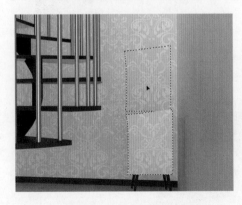
图 3-37　移动修补区域

图 3-38　创建修补选区

❺ 移动修补选区到正确的修补位置上，这里需要注意踢脚线的平衡，如图 3-39 所示。使用同样的方法修补另外的角几腿。

❻ 可以看到修补角几腿之后地面的地砖缝隙被修补掉了，这里需要在有地砖缝隙的地方创建选区，如图 3-40 所示。

图 3-39　修补角几腿　　　　　　　　　图 3-40　创建地砖缝隙选区

❼ 移动修补区域到地砖缝隙区域，如图 3-41 所示。

❽ 修补好地砖缝隙之后，继续修补墙面的影子和地砖上的倒影，修补后的效果如图 3-42 所示。

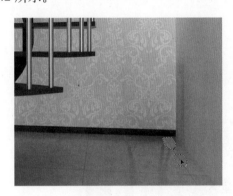

图 3-41　修补地砖线　　　　　　　　　图 3-42　修补后的效果

❾ 将修补后的图像另存为"螺旋楼梯修补 .tif"文件。

3.2.4　文字工具

文字对提升效果图的意境、丰富效果图内容的作用是不可忽视的。

①. 文字的类型

在 Photoshop 中，文字工具分为 **T**（横排文字工具）、**IT**（竖排文字工具）和路径文字工具三类。

- **T**（横排文字工具）：单击 **T** 图标，在打开的图像窗口中单击，鼠标指针闪烁的位置就是文字输入的起始端。输入文字后的效果如图 3-43 所示。
- **IT**（竖排文字工具）：单击 **IT** 图标，在打开的图像窗口中单击，即可创建竖排文字。输入文字后的效果如图 3-44 所示。
- 路径文字：首先使用 *∅.*（钢笔工具）勾画出一条路径，然后选择文字工具，将鼠标指针置于路径位置单击，就会发现鼠标指针在路径上闪烁。这时输入文字，文字就会沿路径编排，如图 3-45 所示。

图 3-43　横排文字输入　　　　图 3-44　竖排文字输入　　　　图 3-45　路径文字输入

2. 文字属性设置

文字属性包含文字字体、大小、颜色设置，如图 3-46 所示。

图 3-46　文字工具选项栏

3.2.5　裁剪工具

⊿.（裁剪工具）在建筑效果图后期处理中经常结合构图使用，它的作用是裁剪掉画面多余部分，以达到更美观的画面效果。一般而言，不用对效果图直接进行裁剪，而是先用填充黑色的矩形将画面多余部分遮住，如图 3-47 所示，调整好最合适的位置，然后执行裁剪命令，将黑色矩形外框裁剪掉。

图 3-47　调整构图

3.3　图像选择和编辑命令

对图像进行选择和编辑除了使用前面介绍的一些常用工具外，还经常用到一些菜单命令。工具和命令两者的有力结合，使得 Photoshop 的编辑功能更为完善，同时也为后期处理工作带来了更多便利。

3.3.1　"色彩范围"命令

"色彩范围"命令是一种选择颜色很方便的命令，它可以一次选择所有包含取样颜色的区域。在菜单栏中选择"选择 > 色彩范围"命令，即可弹出"色彩范围"对话框。

　　下面以选取一个植物图像为例，讲解"色彩范围"命令的用法。

◎ 动手操作——使用"色彩范围"命令选择图像　　　●○

❶ 在菜单栏中选择"文件 > 打开"命令，打开随书附带的"素材 \ 第 3 章 \ 植物 .jpg"文件，如图 3-48 所示。

❷ 在菜单栏中选择"选择 > 色彩范围"命令，弹出"色彩范围"对话框。单击 ▱（吸管工具） 按钮，在图像背景颜色上单击，以拾取背景颜色作为选择颜色。对话框中的预览窗口会立即以黑白图像显示当前选择的范围，其中白色区域为选择区域，黑色区域为非选择区域。拖动"颜色容差"滑块，直至对话框中黑色的植物区域全选中，如图 3-49 所示。

　　　　图 3-48　打开的图像文件　　　　　　　　　　图 3-49　"色彩范围"对话框

❸ 单击"确定"按钮，关闭"色彩范围"对话框，窗口中选择的图像将以蚂蚁线的形式标记出来，按 Ctrl+Shift+I 组合键，将选区反选，选择植物，如图 3-50 所示。

❹ 按 Ctrl+O 组合键，打开"欧式客厅 .jpg"文件。切换到创建选区的植物图像中，按 Ctrl+C 组合键，复制选区中的图像。切换到"欧式客厅 .jpg"文件中，按 Ctrl+V 组合键，将图像粘贴到欧式客厅效果图中。

❺ 按 Ctrl+T 组合键，拖动控制点调整图像的大小和位置，合适即可，调整大小后按 Enter 键确认，如图 3-51 所示。

　　　　图 3-50　创建的植物选区　　　　　　　　　　图 3-51　调整植物素材

⑥ 在菜单栏中选择"图像 > 调整 > 色相 / 饱和度"命令，在弹出的"色相 / 饱和度"对话框中设置"色相"为 -20、"饱和度"为 +39，单击"确定"按钮，如图 3-52 所示。

图 3-52　设置"色相 / 饱和度"效果

⑦ 将设置后的图像另存为"欧式客厅 .psd"文件。

3.3.2　"选择并遮罩"命令

"选择并遮罩"命令可以理解为"抽出"滤镜的增强版，而且由于是选取操作（"抽出"滤镜是直接对像素操作），可修改的余地很大，而且最后抠取一般是自动生成蒙版（"抽出"滤镜是直接删除像素），也可以防止做错可反复修改。

下面介绍使用"选择并遮罩"命令抠取花朵图像素材。

◎ 动手操作——"选择并遮罩"命令的运用

① 在菜单栏中选择"文件 > 打开"命令，打开随书附带的"素材 \ 第 3 章 \ 花 .jpg"文件，如图 3-53 所示。

② 在菜单栏中选择"选择 > 主体"命令，将图像中花朵的部分选取出来，如图 3-54 所示。

图 3-53　打开的图像文件

图 3-54　创建花朵选区

③ 在菜单栏中选择"选择 > 选择并遮住"命令，可以看到选区以外的图像进行了遮罩，可以通过"属性"面板中的"透明度"来调整未选择区域的透明度，设置合适的参数，如图 3-55 所示。

图 3-55　进入选择并遮罩模式

④ 在选择并遮罩模式下，选择工具箱中的 (快速选择工具)，在工具选项栏中单击减选按钮，并设置画笔大小，如图 3-56 所示。

图 3-56　设置快速选择工具选项栏

⑤ 在选择并遮罩的窗口中减选白色的多余区域，如图 3-57 所示。

⑥ 减选多余区域后的效果如图 3-58 所示。在"属性"面板中，单击"确定"按钮。

图 3-57　减选多选的区域

图 3-58　减选多余区域后的效果

⑦ 创建选区后，在"图层"面板中单击 (添加矢量蒙版)按钮，创建蒙版，如图 3-59 所示。

⑧ 将添加蒙版后的图像另存为"花 .psd"文件。

图 3-59　创建图像的蒙版

3.3.3 "变换"命令

在调整配景大小和制作配景阴影或倒影的过程中，会反复用到 Photoshop 的变换功能。图像的变换有两种方式：一种是直接在"编辑＞变换"子菜单中选择各个命令，如图 3-60 所示；另一种是通过鼠标和键盘操作配合，进行各种自由变换操作。

①. 使用"变换"菜单

"编辑＞变换"子菜单中各命令的功能如下。

- 缩放：移动鼠标指针至变换框上方，当鼠标指针变为双箭头形状时，拖动鼠标即可调整图像的大小和尺寸。按住 Shift 键拖动，图像将按照固定比例缩放，如图 3-61 所示。
- 旋转：移动鼠标指针至变换框外，当鼠标指针显示为↰形状时，拖动即可旋转图像。若按住 Shift 键拖动，则每次旋转 15°，如图 3-62 所示。

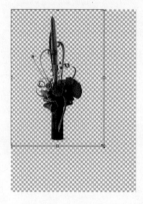

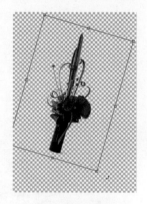

图 3-60　"变换"子菜单　　　　图 3-61　缩放图像　　　　图 3-62　旋转图像

- 斜切：此命令可以将图像进行斜切变换。在该变换状态下，变换控制框的角点只能在变换控制框边线所定义的方向上移动，从而使图像得到倾斜效果，如图 3-63 所示。
- 扭曲：选择此命令后，可以任意拖动变换框的 4 个角点进行图像变换，如图 3-64 所示。
- 透视：拖动变换框的任一角点时，拖动方向上的另一角点会发生相反的移动，得到对称的梯形，从而得到物体透视变形的效果，如图 3-65 所示。

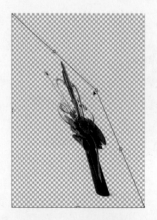

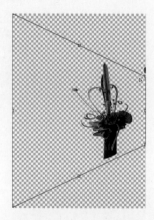

图 3-63　斜切图像　　　　图 3-64　扭曲变换图像　　　　图 3-65　透视变形图像

- 变形：选择此命令后，变换框的 4 个角点上就会出现变换手柄，用户可以拖动手柄对图像进行变形操作，如图 3-66 所示。
- 水平拆分变形：使用"变形"命令后，"水平拆分变形"命令才可用。选择"水平拆分变形"命令后，在变形图像的水平位置添加一个中线，可以多次添加，添加后可以对其进行曲线的调整，如图 3-67 所示。
- 垂直拆分变形：使用"变形"命令后，"垂直拆分变形"命令才可用。选择"垂直拆分变形"命令后，在变形图像的垂直位置添加一个中线，可以多次添加，添加后可以对其进行曲线的调整，如图 3-68 所示。

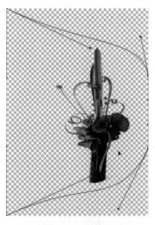 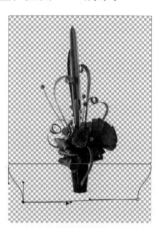 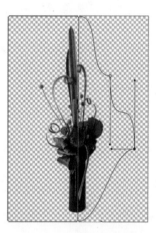

图 3-66　变形图像　　　　图 3-67　水平拆分变形　　　　图 3-68　垂直拆分变形

- 交叉拆分变形：使用"变形"命令后，"交叉拆分变形"命令才可用。选择"交叉拆分变形"命令后，在变形图像中可以添加十字交叉变形，可以多次添加，添加后可以对其进行曲线的调整，如图 3-69 所示。
- 移去变形拆分：使用"移去变形拆分"命令可以将当前选择的拆分变形移除，如图 3-70 所示。

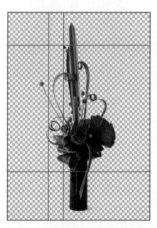 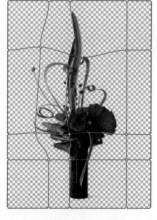 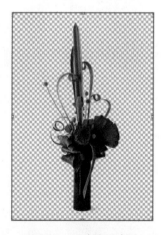

图 3-69　交叉拆分变形　　　　　　图 3-70　移去变形拆分

- 旋转 180 度：此命令可以将图像顺时针旋转 180 度。
- 顺时针旋转 90 度：此命令可以将图像顺时针旋转 90 度。

- 逆时针旋转 90 度：此命令可以将图像逆时针旋转 90 度。
- 水平翻转：此命令可以将图像在水平方向进行翻转。
- 垂直翻转：此命令可以将图像在垂直方向进行翻转。

2. 自由变换

"自由变换"命令可以自由使用"缩放""旋转""斜切""扭曲"和"透视"命令，而不必从菜单中选择这些命令。若要应用这些变换，在拖动变换框的手柄时使用不同的快捷键，或直接在工具选项栏中输入数值即可。具体操作如下。

(1) 选择需要变换的图像或图层。

(2) 在菜单栏中选择"编辑 > 自由变换"命令（或按 Ctrl+T 组合键），进入自由变换状态。

缩放：移动鼠标指针至变换框的角点上即可直接缩放图像的大小和尺寸。

旋转：移动鼠标指针至变换框的外部，当鼠标指针变为↰形状时，拖动鼠标即可对图像进行旋转变换。

斜切：按住 Ctrl+Shift 组合键并拖动变换框边框即可将图像斜切。

扭曲：按住 Ctrl 键并拖动变换框角点即可将图像扭曲变形。

透视：按住 Ctrl+Alt+Shift 组合键并拖动变换框角点，可以将图像透视变形，如图 3-71 所示。

(3) 调整合适后，按 Enter 键确认变形操作，如图 3-72 所示。按 Esc 键取消变形操作。因为这种方法方便快捷，因此进行图像变换操作时一般采用这种方法。

图 3-71　透视变形图像　　　　　　　　　　　　　　图 3-72　变形图像

3.3.4　"调整图层"命令

所谓调整图层，实际上就是用图层的形式保存颜色和色调调整，以方便后面对参数进行修改调整。添加"调整图层"命令时，系统会自动增加一个图层蒙版。调整图层除了有部分调整命令的功能外，还有图层的一些特征，如不透明度、混合模式等。当想修改参数时，可以双击图标，弹出调整面板，直接修改参数即可。

接下来通过实例操作介绍"调整图层"命令的使用方法。

◎ 动手操作——使用"调整图层"命令调整图像

❶ 在菜单栏中选择"文件＞打开"命令，打开随书附带的"素材\第3章\混搭客厅.tif"文件，如图 3-73 所示。

❷ 单击"图层"面板底部的 ◎.（创建新的填充或调整图层）按钮，在弹出的下拉菜单中选择"色彩平衡"命令，在弹出的面板中设置各项参数，如图 3-74 所示。

图 3-73 打开的图像文件

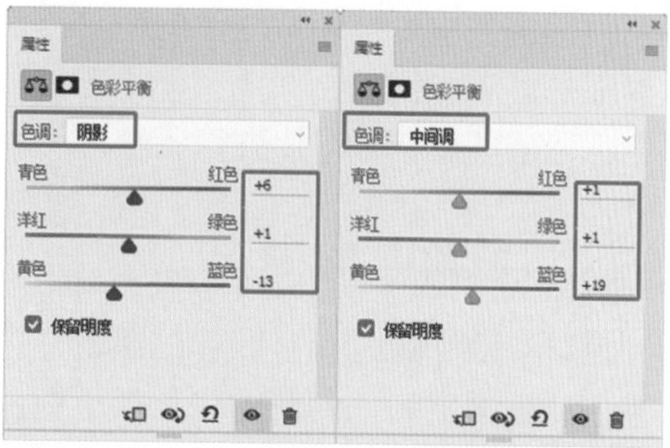

图 3-74 参数设置

执行上述操作后，图像效果如图 3-75 所示。

❸ 再次单击"图层"面板底部的 ◎.（创建新的填充或调整图层）按钮，在弹出的下拉菜单中选择"亮度／对比度"命令，在弹出的面板中设置各项参数，如图 3-76 所示。

图 3-75 图像效果

图 3-76 参数设置

执行上述操作后，图像效果如图 3-77 所示。

图 3-77 图像效果

④ 将图像另存为"混搭客厅调整图层 .psd"文件。

3.4　图像调整命令

要将众多的配景素材与建筑图像进行自然、和谐地合成，统一整体的颜色和色调是关键。效果图常用的图像调整命令包括"色阶""亮度/对比度""色彩平衡""曲线""色相/饱和度"等，在"图像 > 调整"子菜单中可以分别选择各个调整命令。

色彩的调整主要是调整图像的明暗程度。另外，因为每一幅效果图场景所要求的时间、环境氛围是各不相同的，又不可能有那么多合适的配景素材，这时就必须运用 Photoshop 中的图像色彩调整命令对图片进行调整。

3.4.1　"色阶"命令

"色阶"命令通过调整图像的阴影、中间色调和高光的强度级别来校正图像的明暗及反差效果，调整图像的色调范围和色彩平衡。"色阶"命令常用于修正曝光不足或曝光过度的图像，同时也可对图像的对比度进行调节。

在调整图像色阶之前，首先应仔细观看图像的"山"状像素分布图，"山"高的地方，表示此色阶处的像素较多；反之就表示像素较少。

如果"山"分布在右边，说明图像的亮部较多；"山"分布在左边，说明图像的暗部较多；"山"分布在中间，说明图像中间色调较多，缺少色彩和明暗对比。

在菜单栏中选择"图像 > 调整 > 色阶"命令，弹出"色阶"对话框，如图 3-78 所示。

◎ 动手操作——使用"色阶"命令调整图像

❶ 在菜单栏中选择"文件 > 打开"命令，打开随书附带的"素材 \ 第 3 章 \ 餐厅 .jpg"文件，如图 3-79 所示。

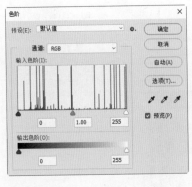

图 3-78　"色阶"对话框

图 3-79　打开的图像文件

❷ 在菜单栏中选择"图像 > 调整 > 色阶"命令，弹出"色阶"对话框，用鼠标将中间色调的滑块向左侧移动，使其增加 2.40，效果如图 3-80 所示。

❸ 用鼠标将中间色调滑块向右侧移动，使其降低 0.5，效果如图 3-81 所示。

图 3-80 增加色阶的效果   图 3-81 降低色阶的效果

通过上面的实例操作可以看出，"色阶"命令其实就是通过图像的高光色调、中间色调和阴影色调所占比例来调整图像的整体效果。

3.4.2 "亮度 / 对比度"命令

"亮度 / 对比度"命令主要用来调整图像的亮度和对比度，它不能对单一通道作调整，也不能像"色阶"命令一样能够对图像的细部进行调整，只能很简单、直观地对图像作较粗略地调整，特别是对亮度和对比度差异相对悬殊不太大的图像，使用起来比较方便。

在菜单栏中选择"图像 > 调整 > 亮度 / 对比度"命令，弹出"亮度 / 对比度"对话框，如图 3-82 所示。

图 3-82 "亮度 / 对比度"对话框

● 亮度：调整图像的明暗度，可通过拖动滑块或直接在文本框中输入数值的方法增加或降低其亮度。向右侧拖动可以增加亮度，向左侧拖动可以降低亮度，调整效果如图 3-83 所示。

图 3-83 调整图像亮度

注 意

当图像过亮或过暗时，可以直接使用"亮度"选项来调整，图像会整体变亮或变暗，而在色阶上没有很明显的变化。

- 对比度：调整图像的对比度，可通过拖动滑块或直接在文本框中输入数值的方法增加或降低其对比度。向右侧拖动可以增加对比度，向左侧拖动可以降低对比度，调整效果如图 3-84 所示。

图 3-84　调整图像对比度

3.4.3　"色彩平衡"命令

　　"色彩平衡"命令可以进行一般性的色彩校正，简单快捷地调整图像颜色的构成，并混合各色彩达到平衡。在运用该命令对图像进行色彩调整时，每个色彩的调整都会影响到图像中的整体色彩平衡。因此，若要精确调整图像中各色彩的成分，还是需要用"色阶"或者"曲线"等命令调节。

　　在菜单栏中选择"图像>调整>色彩平衡"命令，弹出"色彩平衡"对话框，如图 3-85 所示。

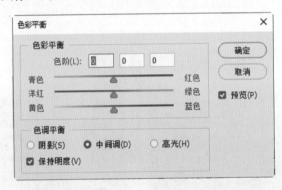

图 3-85　"色彩平衡"对话框

- 色彩平衡：通过拖动对话框中的 3 个滑块或直接在文本框中输入 −100 ～ +100 的数值进行调节。当向右侧拖动滑块减少青色的同时，必然会导致红色的增加，如果图像的某一色调区青色过重，就可以靠增加红色来减少该色调区的青色，如图 3-86 所示。
- 色调平衡：选择需要调节色彩平衡的色调范围，其中包括"阴影""中间调""高光"3 个色阶。它们可以决定改变哪个色阶的像素。
- 保持明度：选中此复选框，在调节色彩平衡的过程中可以保持图像的亮度值不变。

图 3-86　调整色彩平衡

3.4.4　"曲线"命令

"曲线"命令同样可以调整图像的整个色调范围，是一个经常用的色调调整命令，其功能与"色阶"功能相似，但最大的区别是，"曲线"命令调节更为精确、细致。在菜单栏中选择"图像 > 调整 > 曲线"命令，弹出"曲线"对话框，如图 3-87 所示。

通常通过调整曲线的形状来调整图像的亮度、对比度、色彩等。调整曲线时，首先在曲线上单击，然后拖动即可改变曲线的形状。当曲线向左上角弯曲时，图像变亮；当曲线向右下角弯曲时，图像色调变暗。

通过调整曲线上的节点来调整图像，其效果如图 3-88 ～图 3-91 所示。

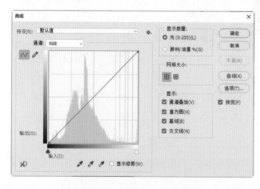

图 3-87　"曲线"对话框

图 3-88　调整前的效果

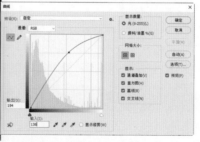

图 3-89　当曲线向左上角弯曲时，图像变亮

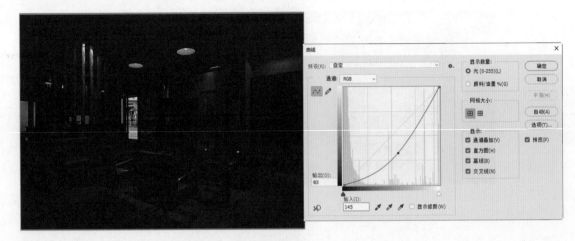

图 3-90　当曲线向右下角弯曲时，图像变暗

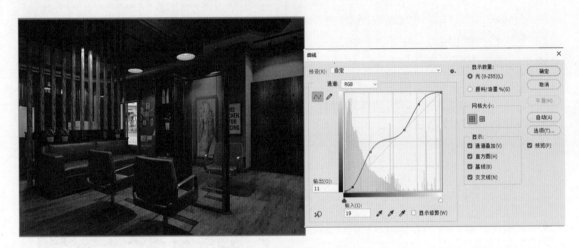

图 3-91　调整多个节点的效果

　　另外，使用"曲线"对话框中的铅笔工具可以做出更多的变化。可以直接用铅笔在坐标区内绘制一个形状，代表曲线调节后的形状，然后单击"平滑"按钮，曲线会自动变平滑，可以多次重复单击，直至达到满意的效果。单击 按钮，可以对曲线再次进行编辑，如图 3-92 ～图 3-94 所示。

　　下面针对图像质量方面常见的一些问题介绍几种调整曲线的方法。

- 调整缺乏对比度的图像：通常是一些扫描的照片。这类图像的色调过于集中在中间色调范围内，缺少明暗对比。这时，可以在"曲线"对话框中锁定中间色调，将阴影区曲线稍稍下调，将高亮曲线稍稍上扬，这样就可以使阴影区更暗，高光区更亮，明暗对比就明显一些，如图 3-95 所示。

- 调整颜色过暗的图像：色调过暗往往会导致图像细节的丢失，这时可以在"曲线"对话框中将阴影区曲线上扬，将阴暗区减少，同时中间色调区曲线和高光区曲线也会稍稍上扬，结果是图像的各色调区被按一定比例加亮，比起直接将整体加亮显得更有层次感，效果如图 3-96 所示。

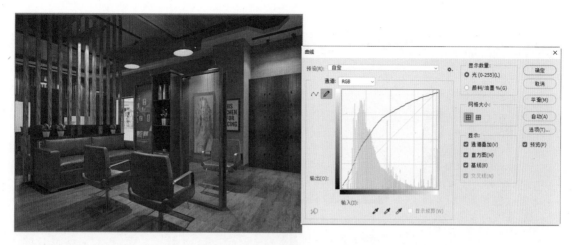

图 3-92 使用铅笔工具绘制的曲线

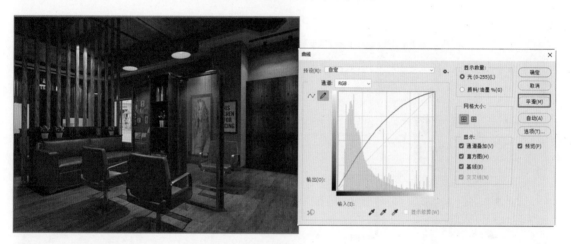

图 3-93 使用平滑工具平滑曲线

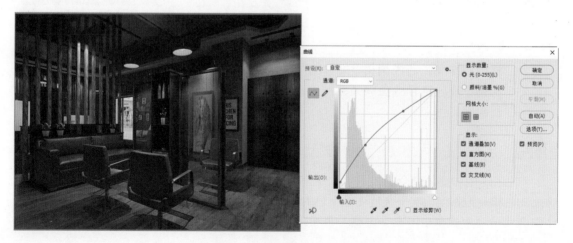

图 3-94 使用节点工具编辑曲线

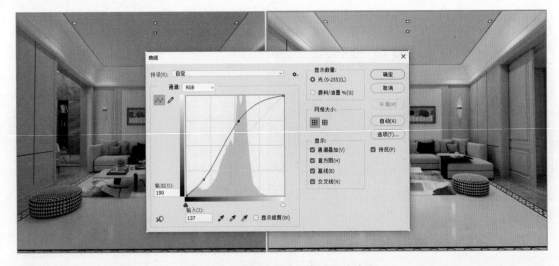

图 3-95　调整缺乏对比度图像的效果

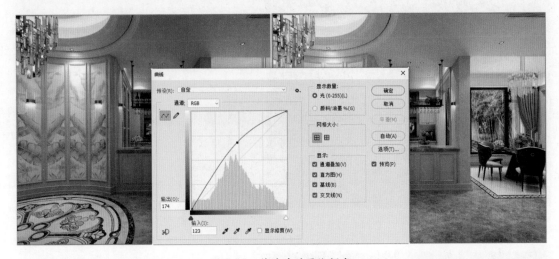

图 3-96　将过暗的图像调亮

● 调整颜色过亮的图像：色调过亮也会导致图像细节丢失。这时，在"曲线"对话框中将高亮区曲线稍稍下调，将高亮区减少，同时中间色调区和阴影区曲线也会稍稍下调，这样各色调区会按一定的比例变暗，同样比起直接整体调暗来说更有层次感。

3.4.5　"色相/饱和度"命令

"色相/饱和度"命令主要用于改变图像像素的色相、饱和度和亮度，还可以通过定义像素的色相及饱和度，实现灰度图像上色的功能，或创作单色调效果。

在菜单栏中选择"图像>调整>色相/饱和度"命令，弹出"色相/饱和度"对话框，如图 3-97 所示。

其中，选中"着色"复选框后，彩色图像会变为单一色调，如图 3-98 所示。

● 预设：系统保存的调整数据。

● 编辑全图按钮 全图 ：用来设置调整的颜色范围。

图 3-97　"色相 / 饱和度"对话框

图 3-98　调整单一色调效果

- 色相：通常指的是颜色，即红色、黄色、绿色、青色、蓝色和洋红。
- 饱和度：通常指的是一种颜色的纯度，颜色纯度越高，饱和度就越大；颜色纯度越低，相应颜色的饱和度就越小。
- 明度：通常指的是色调的明暗度。
- 着色：选中该复选框后，只可以为全图调整色调，并将彩色图像自动转换成单一色调的图片。

打开一张图像，选择编辑颜色为"全图"，增加全图的饱和度，如图 3-99 所示。

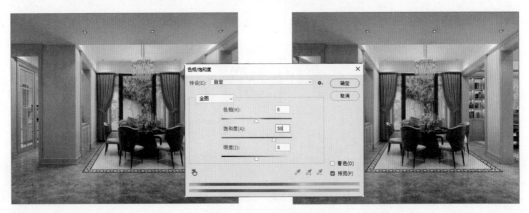

图 3-99　调整图像的饱和度

3.5 配景素材的移动、缩放

在处理效果图时经常需要将相应的配景素材移动到场景中合适的位置，并根据实际情况调整配景的大小，这就需要对素材进行移动并缩放。

3.5.1 配景素材的移动

使用 ✛ (移动工具) 可以将任何配景素材移动到要处理的效果图场景中，从而使场景效果更加真实、自然。

- 在同一幅图像中移动选区，原图像区域将以背景色填充。
- 在不同的图像间移动选区，将复制选区到目标图像中。
- 在使用其他工具 (钢笔工具、缩放工具除外) 时，按住 Ctrl 键，工具就自动变为 ✛ (移动工具)。

◎ 动手操作——移动图像到场景中 ● ○

❶ 在菜单栏中选择"文件 > 打开"命令，打开随书附带的"素材 \ 第 3 章 \ 时尚大堂 .tif 和植物 .tif"文件，如图 3-100 所示。

参考前面案例中的植物抠图方法，将植物抠取出来。

图 3-100　打开的图像文件

❷ 使用 ✛ (移动工具) 将抠取的植物拖曳到效果图中，如图 3-101 所示。

图 3-101　移动配景后的效果

③ 按 Ctrl+T 组合键，调整素材的大小和位置，效果如图 3-102 所示。

图 3-102 调整素材的大小

④ 按 Ctrl+U 组合键，在弹出的"色相 / 饱和度"对话框中设置"明度"为 +100，设置图像为白色，单击"确定"按钮，如图 3-103 所示。

⑤ 设置图层的"不透明度"为 70%，完成素材的添加，如图 3-104 所示。

⑥ 将添加的效果图另存为"时尚大堂添加素材 .psd"文件。

图 3-103 设置图像为白色

图 3-104 设置图层的不透明度

3.5.2 配景素材的缩放

将配景素材调入场景中后，可能配景素材相对于场景来说过大或者过小，这时就需要使用"自由变换"命令对素材进行缩小或放大操作，具体操作可以参考"动手操作——移动图像到场景中"，这里就不重复介绍了。

3.6 渐变工具在后期处理中的应用

渐变工具在效果图后期处理中应用得非常频繁，巧妙地应用渐变工具可以使画面产生微妙的变化。例如，在处理天空、草地、水面等配景时，使用渐变工具可以迅速制作出柔和的变化效果。图 3-105 所示为 Photoshop 的渐变工具选项栏。

图 3-105　渐变工具选项栏

3.6.1 渐隐倒影的处理

普通倒影的制作方法很简单，只需将原配景复制一个，然后将复制后的图像垂直翻转即可。同时需要通过给图层添加蒙版的方法来制作倒影的退晕效果。

◎ 动手操作——使用渐变工具制作渐隐倒影

❶ 在菜单栏中选择"文件 > 打开"命令，打开随书附带的"素材 \ 第 3 章 \ 人物倒影 .tif 和人物 5.psd"文件，如图 3-106 所示。

图 3-106　打开的素材文件

❷ 使用 ✛.（移动工具）将人物素材拖曳到效果图中。

❸ 拖曳素材到效果图中后，按 Ctrl+T 组合键，弹出自由变换框，调整人物的大小，如图 3-107 所示。

❹ 确认人物图层为当前图层，按 Ctrl+J 组合键，复制图层副本；按 Ctrl+T 组合键，弹

出自由变换框，向下拖动上方的控制手柄，调整至如图 3-108 所示的效果。

图 3-107　调整人物的大小　　　　　　　图 3-108　调整作为倒影的素材

⑤ 单击工具箱中的 ▣（以快速蒙版模式编辑）按钮，进入快速蒙版模式，如图 3-109 所示。

⑥ 单击工具箱中的 ▣（渐变工具）按钮，在其上执行"黑、白"渐变操作，如图 3-110 所示。

⑦ 单击工具箱中的 ▣（以标准模式编辑）按钮，退出蒙版后创建渐变选区，并在"图层"面板中选择作为倒影的图层，单击 ▣（添加矢量蒙版）按钮，添加蒙版，可以看到倒影退晕效果，如图 3-111 所示。

图 3-109　进入快速蒙版模式　　　　　　图 3-110　创建渐变

图 3-111　添加蒙版后的效果

⑧ 调整作为倒影的图层到人物图层的下方，并调整一下倒影的变形，使其更加自然，如图 3-112 所示。

图 3-112　图像最终效果

⑨ 将制作的图像另存为"人物倒影 .psd"文件。

3.6.2　渐隐的灯光效果

在进行效果图后期处理时，往往会碰到某个灯光在 3ds Max 中制作的光晕没有正确显示出来，如果再返回 3ds Max 中重新处理太浪费时间，这时就可以运用 Photoshop 中的渐变工具为灯光制作光晕效果。

◎ 动手操作——使用渐变工具制作渐隐灯光效果 ● ○

❶ 在菜单栏中选择"文件 > 打开"命令，打开随书附带的"素材 \ 第 3 章 \ 客餐厅 .jpg"文件，如图 3-113 所示。

接下来将运用■.（渐变工具）制作上筒灯的光晕效果。

❷ 在"图层"面板中新建一个图层，在工具箱中选择■.（渐变工具），在工具选项栏中单击渐变色块，在弹出的"渐变编辑器"对话框中设置渐变为米色到透明的渐变，如图 3-114 所示。

图 3-113　打开的图像文件

图 3-114　设置渐变

💡 **提　示**

渐变工具的渐变颜色默认为前景色到背景色的渐变。

③ 在效果图中创建椭圆选区，并按 Shift+F6 组合键，在弹出的"羽化选区"对话框中设置"羽化半径"为 5 像素，单击"确定"按钮，如图 3-115 所示。

💡 **提　示**

Shift+F6 组合键相当于菜单栏中的"选择 > 修改 > 羽化"命令，该快捷键用到的次数相对来说是较多的。在制作效果图时，记住常用的快捷键可以加快制作效果图的速度，节省较多的修改时间。

④ 在工具选项栏中选择"径向渐变"方式，然后在选区中由上而下创建填充，如图 3-116 所示。

🎤 **注　意**

在为选区填充渐变时，可以执行多次填充。如果对填充的效果不满意，按 Ctrl+Z 组合键撤销上一步操作，再次执行填充，直到满意为止。在使用 Ctrl+Z 组合键撤销操作时，结合"历史记录"命令，可以返回到想要返回的操作步骤中，这里就不详细介绍了。

图 3-115　设置选区的羽化

图 3-116　填充渐变

⑤ 在"图层"面板中设置光晕所在图层的混合模式为"滤色"，然后按 Ctrl+D 组合键将选区取消。

⑥ 按 Ctrl+T 组合键，调整光晕的位置和大小，并设置光晕所在图层的不透明度，如图 3-117 所示。

⑦ 选择工具箱中的 ✛ （移动工具），按住 Alt 键移动复制光晕，并调整光晕的大小，如图 3-118 所示，完成光晕的效果。最后可以设置光晕的不透明度，参数合适即可。

图 3-117　调整光晕的大小

图 3-118　复制光晕

❽ 将制作的图像另存为"客餐厅光照 .psd"文件。

3.7　小结

　　本章主要讲述了室内效果图后期处理过程中最常用的一些工具和命令的基本用法及操作技巧，包括选择工具、移动工具、图像编辑工具、渐变工具，以及几个主要的色彩调整命令等。因为这些工具和命令在效果图后期处理中都是最常用的，所以一定要将本章的知识学好，为后面的学习打好基础。

第 4 章

效果图的修图与简单的修补

　　制作过效果图的用户可能都会有这样的体会，在 3ds Max 中觉着效果图场景的造型、材质、灯光等已经很完美了，但是在输出后还会发现有很多缺陷，总是有一些令人遗憾的地方。例如，效果图的光照效果不够理想、材质不合理、构图不合理等。本章将详细讲解对效果图处理过程中的缺陷进行补救的方法。

4.1 什么是缺陷效果图

从 3ds Max 软件中渲染输出的效果图，都会有一些小小的缺陷和不足，一般表现为以下几个方面。

- 渲染输出的效果图场景的整体灯光效果不够理想，过亮或过暗。
- 效果图的体积感不够强。
- 画面的锐利度不够，也就是画面显得发灰。
- 画面所表现的色调和场景所要表现的色调不协调。
- 输出图像的构图不合理，满足不了需要等。

如果在渲染效果图的时候出现了这些不足，对于那些比较好调整的错误，用户只要在 Photoshop 软件中对渲染图修改一下就可以了，避免重新渲染场景的麻烦和浪费时间。

4.2 调整构图

接下来将介绍如何调整效果图的构图，其中主要介绍图像的大小调整、画布大小调整、修正透视图像等。

4.2.1 图像大小

对于图像最关注的属性主要包括尺寸、大小及分辨率这三点。选择菜单栏中的"图像 > 图像大小"命令或按 Alt+Ctrl+I 组合键，打开"图像大小"对话框，在"图像大小"选项组中可以设置图像的像素大小。图像的像素大小不仅会影响图像在屏幕上的大小，还会影响图像的质量及其打印特性 (图像的打印尺寸和分辨率)，如图 4-1 所示。

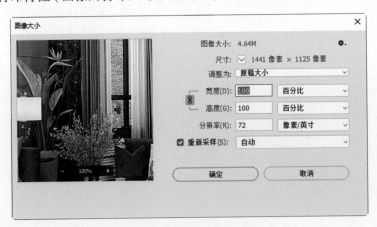

图 4-1　"图像大小"对话框

- 图像大小：显示为图像占用的硬盘空间大小。
- 尺寸：以像素为单位，显示长宽。
- 宽度：显示图像宽度尺寸。
- 高度：显示图像高度尺寸。

- 分辨率：显示当前图像的分辨率。
- 重新采样：在下拉列表框中选择设置图像大小后的采样类型。

提示

在调整图像时尽量锁定长宽比，否则就会出现比例失调的现象，如图 4-2 和图 4-3 所示（图 4-3 重新设置了"宽度"为 10、"高度"为 8 的图像大小）。可以看到，调整后的效果显然是整张图都变窄了，这就丢失了正确的比例。

图 4-2 原始图像大小

图 4-3 调整图像大小后的效果

4.2.2 画布大小

图像大小是指图像的像素大小；画布大小是指工作区域的大小，它包含图像和空白区域，这就是图像大小与画布大小的本质区别。打开一张图像，如图 4-4 所示。想要分别对画布的宽度、高度、定位和扩展背景颜色进行调整，可以执行菜单栏中的"图像 > 画布大小"命令，打开"画布大小"对话框，在该对话框中调整相应的数值即可，如图 4-5 所示。增大画布大小，原始图像大小不会发生变化，而增大的部分则使用选定的填充颜色进行填充，如图 4-6 所示。减小画布大小，图像则会被裁切掉一部分，如图 4-7 所示。

图 4-4 原始图像大小

图 4-5 "画布大小"对话框

- 当前大小：此选项组下显示的是文档的实际大小，以及图像的宽度和高度的实际尺寸。
- 新建大小：是指修改画布尺寸后的大小。当输入的"宽度"和"高度"值大于原始画布尺寸时，会增大画布。当输入的"宽度"和"高度"值小于原始画布尺寸时，

Photoshop 会裁切超出画布区域的图像。

图 4-6　增大画布效果

图 4-7　减小画布效果

- 相对：选中该复选框时，"宽度"和"高度"数值将代表实际增加或减少的区域的大小，而不再代表整个文档的大小。输入正值表示增加画布，输入负值表示减小画布。
- 定位：此选项主要用来设置当前图像在新画布上的位置。
- 画布扩展颜色：是指填充新画布的颜色。如果图像的背景是透明的，那么该选项将不可用，新增加的画布也是透明的。

4.2.3　透视裁剪工具

在渲染的效果图中难免会出现一些透视效果让人感觉非常不舒服，这时只要使用 Photoshop 就能轻松地将其修复。

◎ 动手操作——使用透视裁剪工具修正图像

❶ 在菜单栏中选择"文件 > 打开"命令，打开随书附带的"素材\第4章\修正透视 .tif"文件，如图 4-8 所示。

❷ 在工具箱中选择▣（透视裁剪工具），在视口中拖动裁剪区域，并调整四个角上的控制点，使其与窗帘的两侧平行，如图 4-9 所示。

图 4-8　打开的图像文件

图 4-9　创建裁剪区域

❸ 再次调整一下效果图周围的宽度裁剪区域，如图 4-10 所示。

❹ 按 Enter 键确认裁剪操作，如图 4-11 所示。

图 4-10　调整裁剪区域

图 4-11　确认裁剪操作

提　示

修正透视效果还可以通过调整变换框，直接将透视效果变换成正常；或者使用"镜头校正"滤镜来调整透视效果。

技　巧

使用 ▦（透视裁剪工具）不但可以以创建点的方式创建透视框，还可以以矩形的方式创建，然后拖动控制点到透视边缘。

❺ 将修改的图像另存为"修正透视 ok.tif"文件。

4.3　修补错误的材质

有时将效果图位图渲染输出后，往往在后期处理的过程中会发现有的地方因为建模时没有对齐或者其他的原因，致使渲染图有的地方不正确。对于那些严重的且不好更改的错误可以重新回到 3ds Max 中调整好后重新渲染输出，但是对于那些不是很严重的错误，建模用户直接运用 Photoshop 中的相应工具或命令修补一下即可。

一般修补方法有两种：拖移复制法和工具修补法。这两种修补方法简单而且实用。

4.3.1　拖移复制法

拖移复制法就是先在正确的位置创建合适的选择区域，然后按 Ctrl+Alt 组合键的同时移动鼠标，将选区的内容复制到需要修补的位置，以此达到修补错误建模的目的。

动手操作——使用拖移复制法修改错误建模

❶ 在菜单栏中选择"文件 > 打开"命令，打开随书附带的"素材 \ 第 4 章 \ 拖移复制 .tif" 文件，如图 4-12 所示。

在打开的图像中可以看到右上方的植物穿过了吧椅支架，下面将使用拖移复制法修改此处错误的建模。

❷ 在工具箱中选择 ➙（多边形套索工具），在错误的材质周围相近的材质上创建选区，如图 4-13 所示。

图 4-12　打开的图像　　　　　　　图 4-13　创建选区

❸ 在工具箱中选择 ✛.（移动工具），然后按住 Alt 键，移动复制选区中的图像到错误材质的地方，如图 4-14 所示。按 Ctrl+D 组合键取消选区的选择。

❹ 使用同样的方法，修改错误的区域，这里可以较小范围地修改，如图 4-15 所示。

❺ 修改后的效果如图 4-16 所示。将图像另存为"拖移复制 ok.tif"文件。

图 4-14　移动复制选区　　　图 4-15　修复选区　　　图 4-16　修复后的图像

4.3.2　工具修补法

工具修补法就是使用 ▦（修补工具）将画面中某个不理想的区域修补得令用户满意。而且在修补过程中，手动的区域是经过羽化的，并经过 Photoshop 内部程序处理，是"混合"，不是粘贴，因此边缘不生硬，色彩也不生硬。

修补工具有两种用法：第一种是拿别处的修补此处的，第二种是拿此处的修补别处的。

◎ 动手操作——使用工具修补法修改错误材质

❶ 在菜单栏中选择"文件 > 打开"命令，打开随书附带的"素材 \ 第 4 章 \ 工具修补法 .tif"文件，如图 4-17 所示。从图中可以看到墙面材质反射了模型。

这是一张渲染输出的效果图，下面将使用工具修补法，修改墙面反射的错误材质。

❷ 在工具箱中选择 ＼（多边形套索工具），在墙体上的反射区域创建选区，如图 4-18 所示。

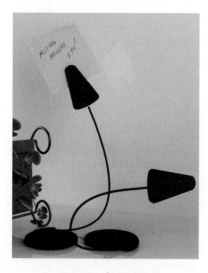

图 4-17　打开的图像

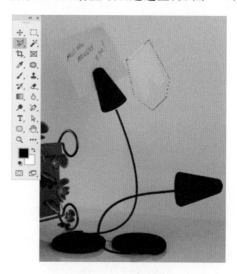

图 4-18　创建选区

❸ 在工具箱中选择 ❀（修补工具），在图像中拖动选区到墙体的正确材质区域，释放鼠标，如图 4-19 所示。

修补好的材质效果如图 4-20 所示。

图 4-19　拖动选区

图 4-20　修补后的效果

❹ 将制作的图像另存为"工具修补法 ok.tif"文件。

4.4 使用 Photoshop 调整画面构图

一般情况下直接从 3ds Max 中渲染输出的位图很难满足用户对画面构图的需要，因此往往会在 Photoshop 中调整画面的构图关系，以达到画面的统一、合理。其实，效果图的构图没什么既定的法则，具体的构图形式应该根据建筑的设计形式、建筑风格以及用户的要求等来确定。

4.4.1 构图原则

不同的美术作品具有不同的构图原则，对于建筑装饰效果图来说，基本上遵循平衡、统一、比例、节奏、对比等基本原则。

- 平衡：所谓平衡是指空间构图中各元素的视觉分量给人以稳定的感觉。平衡有对称平衡和非对称平衡之分，对称平衡是指画面中心两侧或四周的元素具有相等的视觉分量，给人以安全、稳定、庄严的感觉；非对称平衡是指画面中心两侧或四周的元素比例不等，但是利用视觉规律，通过大小、形状、远近、色彩等因素来调节构图元素的视觉分量，从而达到一种平衡状态，给人以新颖、活泼、运动的感觉。

- 统一：也就是使画面拥有统一的思想与格调，把所涉及的构图要素运用艺术的手法创造出协调统一的感觉。这里所说的统一，是指构图元素的统一、色彩的统一、氛围的统一等多方面的。

- 比例：一是指造型比例，二是指构图比例，这里说的是构图比例。对于室内效果图来说，室内空间与沙发、床、吊灯、植物配景等要保持合理的比例；而对于室外建筑装饰效果图来说，主体与环境设施、人物、树木等要保持合理的比例。

- 节奏：体现了形式美。节奏就是有规律地重复，各空间要素之间具有单纯的、明确的、秩序井然的关系，使人产生匀速有规律的动感。在效果图中将造型或色彩以相同或相似的序列重复交替排列可以获得节奏感。自然界中有许多事物由于有规律地重复出现，或者有秩序地变化，给人以美的感受。

- 对比：有效地运用任何一种差异，通过大小、形状、方向、色彩、明暗及情感对比等方式，都可以引起人们的注意，如图 4-21 所示。

图 4-21 统一中求变化

4.4.2　裁切法

裁切法就是直接运用工具箱中的 ⽁.（裁剪工具）将图像中多余的区域裁剪掉，从而使得图像的构图比例变得均衡。

◎ 动手操作——使用裁切法裁剪构图

❶ 在菜单栏中选择"文件＞打开"命令，打开随书附带的"素材\第4章\构图.tif"文件，如图 4-22 所示。

由图 4-22 可以看出，整个画面的构图还可以，但是整体来说空旷一些，下面使用裁切法来调整一下图像的整体构图。

❷ 使用 ▥（矩形选框工具）在图像中创建矩形选区，并以黑色填充，效果如图 4-23 所示。

图 4-22　打开的图像　　　　　　　　　　　　　图 4-23　创建遮罩

通过观察，裁剪到如图 4-24 所示的位置感觉画面效果还可以，下面就使用 ⽁.（裁剪工具）将多余的部分裁减掉。

❸ 将选区取消，选择工具箱中的 ⽁.（裁剪工具），然后在图像中拖动鼠标，得到如图 4-24 所示的裁剪区域。

❹ 按 Enter 键确认裁剪操作，图像效果如图 4-25 所示。

图 4-24　创建裁剪区域　　　　　　　　　　　　图 4-25　裁剪后的效果

技 巧

确认裁切操作,除了上面的按 Enter 键外,也可以在裁剪区域内快速双击确认裁剪操作。

⑤ 将制作的图像另存为"裁剪构图 .tif"文件。

4.4.3 添加法

添加法就是在画面中感觉构图偏的位置加上合适的其他配景,以此把画面的重心扶正,使整个画面从视觉上看起来是均衡的。

◎ **动手操作——使用添加法添加素材**

① 在菜单栏中选择"文件 > 打开"命令,打开随书附带的"素材\第 4 章\半棵植物 .psd 和添加法 .tif"文件,如图 4-26 所示。

图 4-26 打开的素材图像

② 使用 ✛.(移动工具)将"半棵植物 .psd"素材拖曳到"添加法 .tif"文件中,并调整它的大小和位置,如图 4-27 所示。

图 4-27 添加素材到效果图中

③ 将制作的图像另存为"添加法构图 .psd"文件。

4.5 小结

本章通过具体实例的操作过程，系统地讲述了运用 Photoshop 中相应的工具和命令对不太理想的室内效果图进行修改的方法，其中包括对效果图错误建模的调整，以及对不理想画面构图的调整等。这些不足之处都是渲染后的效果图经常有的缺陷，希望读者能够认真体会本章讲述的调整方法，平时多做一些这方面的练习，牢固掌握本章讲述的各项内容。

第 **5** 章

常用配景的
处理

　　本章介绍常用素材的抠取、倒影和阴影的制作，介绍植物的处理、人像的处理、玻璃反射的处理以及如何收集自己的配景素材库等。

5.1　抠取素材

在后期效果图处理中，素材起到了装饰和丰富画面效果的作用，而且素材的来源就是日积月累的收藏和抠取的图像。本节将介绍两种常用的抠图方法：选区抠图法和通道抠图法。

5.1.1　选区抠图法

选区抠图法主要是使用 ⬚（多边形套索工具）和 ⬚（磁性套索工具）对图像进行抠取。

◎ 动手操作——使用选区抠取图像素材

❶ 在菜单栏中选择"文件 > 打开"命令，打开随书附带的"素材 \ 第 5 章 \ 套索工具的应用 .jpg "文件，打开的图像如图 5-1 所示。

❷ 在工具箱中选择 ⬚（磁性套索工具），在工具选项栏中设置"宽度"为 10 像素、"对比度"为 50%，设置"频率"为 60，如图 5-2 所示。

图 5-1　打开的图像

图 5-2　设置参数

❸ 在沙发垫的周围使用磁性套索工具创建选区，如图 5-3 所示。

❹ 当使用磁性套索工具创建选区时，与第一点重合时单击即可创建选区，如图 5-4 所示。

图 5-3　使用磁性套索工具创建选区

图 5-4　创建的选区

❺ 选择工具箱中的 ⬚（多边形套索工具），在工具选项栏中单击 ⬚（添加到选区）按钮，继续添加未被选中的沙发垫区域，如图 5-5 所示。

⑥ 创建选区直至整个沙发垫被选中，如果有多选的区域可以在工具选项栏中单击 ▣（从选区减去）按钮，将多选的区域减选即可。图 5-6 所示为选中的沙发垫区域。

图 5-5　添加选区

图 5-6　创建沙发垫选区

⑦ 确定选区处于选中状态，按 Ctrl+J 组合键，将选区中的图像复制到新的图层中，并在"图层"面板中将"背景"图层隐藏，如图 5-7 所示。这样，沙发垫素材就被选取出来了。

图 5-7　将图像复制到新的图层中

🎤 注　意

　　这里将选取的图像复制到新的图层中是为了不破坏原始图像，在普通的图像素材选取中，可以将不需要的图像区域删除即可。

5.1.2　通道抠图法

通道抠图法可以抠取毛发和细碎的边。

◉ 动手操作——使用通道抠取图像素材 ○○

① 在菜单栏中选择"文件 > 打开"命令，打开随书附带的"素材\第5章\绿植.jpg"文件，如图5-8所示。

② 在"通道"面板中单击 ▣ （创建新通道） 按钮，创建新通道，如图5-9所示。

图5-8 打开的图像

图5-9 创建新通道

③ 单击显示RGB通道，同时显示并选择Alpha1通道，并在轮廓清晰的花盆图像区域创建选区，设置背景色为白色，按Ctrl+Delete组合键，将选区填充为白色，如图5-10所示。

④ 选择"蓝"通道，并在绿色植物区域创建选区，如图5-11所示。按Ctrl+C组合键，复制选区。

图5-10 创建选区并填充白色

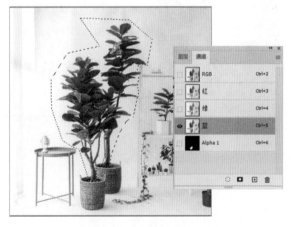

图5-11 创建选区

⑤ 在"通道"面板中选择Alpha1通道，按Ctrl+V组合键，粘贴选区到Alpha1通道中，如图5-12所示。

⑥ 确定选区处于选中状态，按Ctrl+I组合键，设置选区中图像的反相，如图5-13所示。

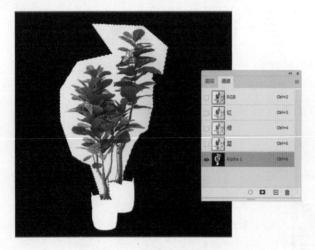

图 5-12 复制选区到新通道中

图 5-13 设置图像的反相

❼ 按 Ctrl+L 组合键,在弹出的"色阶"对话框中调整色阶的参数,得到如图 5-14 所示的黑白效果,单击"确定"按钮。

❽ 按 Ctrl+D 组合键,取消选区的选择,可以看到在选区框的边缘出现了白色的线,如图 5-15 所示。

图 5-14 设置图像的色阶

图 5-15 取消选区后的效果

❾ 在工具箱中选择 ✐ (画笔工具),在通道的植物区域绘制白色,设置合适的画笔参数即可,如图 5-16 所示。

❿ 选择 Alpha1 通道,单击"通道"面板下方的 ⊙ (将路径作为选区载入) 按钮,将白色的区域载入选区,显示并选择 RGB 通道,如图 5-17 所示。

图 5-16 绘制白色区域

图 5-17 载入选区

⓫ 确定选区处于选中状态，按 Ctrl+J 组合键，将选区中的图像复制到新的图层中。在"图层"面板中将"背景"图层隐藏，如图 5-18 所示，这样植物素材就选取出来了。

图 5-18 将植物复制到新的图层中

5.2 倒影和投影的处理

倒影在效果图中也会经常遇到。相对于投影来说，倒影的制作过程显得稍微复杂一些。根据配景与地面的"接触点"不同，倒影大致可以分为两种：一种是配景与地面只有一个单面接触的情况，如树木、花盆、人物等。制作这类配景的倒影时，只需将原图像复制一个，然后将复制后的图像垂直翻转即可；一种是配景与地面有多个接触点的情况，如汽车、桌椅等。在制作该类配景的倒影效果时，就不能仅仅依靠"垂直翻转"命令来处理，还需要对图像进行一些变形操作。

没有了影子，物体的立体感也就无从体现。因此，影子是使物体具有真实感的重要因素之一。通常情况下，在为效果图场景中添加配景后，接着就应该为该配景制作投影效果。另外，在制作投影效果时，通常会用到缩放、变形等操作，通过给图层添加蒙版还可以制作出带有退晕的投影效果。

5.2.1 水面倒影

不管是在三维设计领域，还是在平面设计领域，对于水面倒影的效果表现一直是个难题。水有两种，一种是比较平静的水面；一种是有水纹波动的水面。下面分别介绍这两种水面倒影的制作方法。

◎ 动手操作——制作平静水面倒影

平静水面倒影是根据水的颜色和透明程度来制作的水面倒影效果。

❶ 在菜单栏中选择"文件 > 打开"命令，打开随书附带的"素材 \ 第 5 章 \ 水面 .jpg 和盆栽 .psd"文件，如图 5-19 和图 5-20 所示。

图 5-19　打开的水面素材

图 5-20　打开的盆栽素材

❷ 使用 ✛ (移动工具) 将盆栽素材拖曳到"水面 .jpg"文件中。按 Ctrl+T 组合键，打开自由变换框，调整一下图像的大小，如图 5-21 所示。

❸ 确定盆栽素材处于选中状态，按 Ctrl+J 组合键复制"图层 1 拷贝"图层，按 Ctrl+T 组合键，打开自由变换，通过调整自由变换框来改变它的高度，如图 5-22 所示。

图 5-21　添加盆栽素材

图 5-22　复制图层

❹ 调整"图层 1 拷贝"图层到"图层 1"图层的下方,选择"图层 1 拷贝"图层,按 Ctrl+U 组合键,在弹出的"色相 / 饱和度"对话框中设置"明度"为 -100,单击"确定"按钮,如图 5-23 所示。

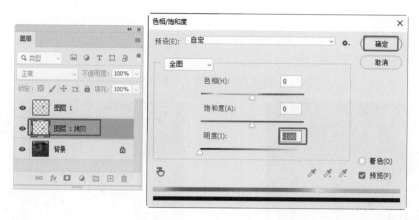

图 5-23　设置明度

❺ 在菜单栏中选择"滤镜 > 模糊 > 高斯模糊"命令,在弹出的"高斯模糊"对话框中设置"半径"为 15 像素,单击"确定"按钮,如图 5-24 所示。

❻ 在"图层"面板中,设置"图层 1 拷贝"图层的"不透明度"为 70%,如图 5-25 所示。

图 5-24　设置模糊半径

图 5-25　设置图层的不透明度

⑦ 在"图层"面板中选中"图层1"图层，按Ctrl+J组合键，复制一个"图层1拷贝2"图层。按Ctrl+T组合键，打开自由变换框，选中上面中间的控制点将其向下拖动，完成翻转操作，如图5-26所示。按Enter键确认自由变换的操作。

⑧ 在"图层"面板中，设置"图层1拷贝2"图层的"不透明度"为20%，如图5-27所示。

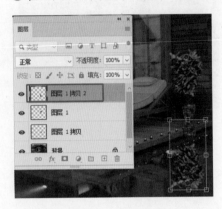

图 5-26 翻转图像

图 5-27 设置图层的不透明度

⑨ 使用 ▷ （多边形套索工具）选中"图层1拷贝2"图层中图像在地板上的区域，按Delete键将其删除，如图5-28所示。

⑩ 按Ctrl+D组合键，取消选区的选择。如图5-29所示为完成后的水面倒影效果。

图 5-28 删除地板上的倒影

图 5-29 完成后的水面倒影效果

◎ 动手操作——制作涟漪水面倒影

涟漪水面是有波浪的一种反射材质，涟漪水面倒影的制作主要是通过滤镜来实现的。

① 在菜单栏中选择"文件 > 打开"命令，打开随书附带的"素材 \ 第5章 \ 波浪水面 .jpg 和盆栽 .psd"文件，如图5-30所示。

② 使用 ✛ （移动工具），将盆栽素材拖曳到"波浪水面 .jpg"文件中。按Ctrl+T组合键，打开自由变换框，调整图像的大小，按Enter键确认操作，并调整到合适的位置，如图5-31所示。

③ 确认盆栽素材处于选中状态，按Ctrl+J组合键复制"图层1拷贝"图层。按Ctrl+T组合键，打开自由变换框并右击，在弹出的快捷菜单中选择"垂直翻转"命令。

图 5-30　打开的素材文件　　　　　　　　　图 5-31　添加盆栽素材

④ 执行该命令后的效果如图 5-32 所示，按 Enter 键确认操作。

⑤ 使用 选择图像在地面上的区域，如图 5-33 所示。按 Delete 键，将其删除。

图 5-32　执行命令后的效果　　　　　　　　　图 5-33　选择区域

⑥ 在菜单栏中选择"滤镜＞滤镜库"命令，在弹出的对话框中选择"扭曲"卷展栏下的"玻璃"滤镜，在最右侧的参数面板中设置合适的参数，设置"纹理"为"磨砂"，如图 5-34 所示。

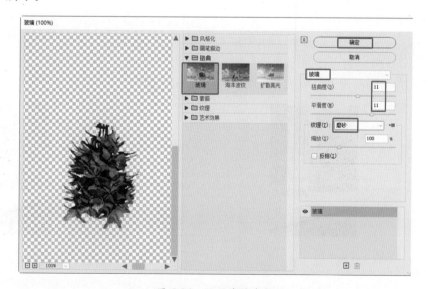

图 5-34　设置滤镜参数

❼ 设置图像所在图层的"不透明度"为40%，如图5-35所示。

图5-35　设置图层的不透明度

❽ 选中"图层1"图层，按Ctrl+J组合键，复制一个"图层1拷贝2"图层。按Ctrl+T组合键，打开自由变换框，调整图像的变形效果，如图5-36所示。

❾ 调整图像变形后按Enter键，确认变形操作。按Ctrl+U组合键，在弹出的"色相/饱和度"对话框中设置"明度"为-100，如图5-37所示。

图5-36　调整图像变形

图5-37　设置明度

❿ 设置图像为黑色，在菜单栏中选择"滤镜>模糊>高斯模糊"命令，在弹出的"高斯模糊"对话框中设置"半径"为2.0像素，如图5-38所示。

⓫ 按Ctrl+U组合键，在弹出的"色相/饱和度"对话框中选中"着色"复选框，设置合适的参数，并为图层设置合适的不透明度，如图5-39所示。

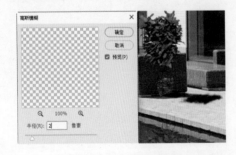

图5-38　设置模糊参数

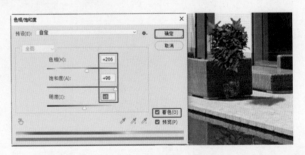

图5-39　设置色相/饱和度

此时，涟漪水面倒影制作完成，效果如图 5-40 所示。

图 5-40　涟漪水面倒影效果

5.2.2　人物倒影

在很多时候，人物的倒影与地面的接触点不止一个，仅使用"垂直翻转"命令已经不能满足需要，必须结合其他命令来完成。

◎ 动手操作——制作人物倒影

❶ 在菜单栏中选择"文件 > 打开"命令，打开随书附带的"素材 \ 第 5 章 \ 人物倒影 .tif 和人物 .psd"文件，如图 5-41 所示。

❷ 使用 ✛.（移动工具）将需要的人物素材拖曳到人物倒影效果图中，如图 5-42 所示。

❸ 选择人物素材所在的图层，按 Ctrl+T 组合键，使用鼠标右击变形框，在弹出的快捷菜单中选择"水平翻转"命令，翻转图像，如图 5-43 所示。

图 5-41　打开的素材文件

图 5-42　为图像添加人物素材

图 5-43　翻转图像

④ 按 Enter 键，确定变换。按 Ctrl+J 组合键，复制图像到新的图层中，并调整复制图层到人物图层下方，按 Ctrl+T 组合键，旋转图像的角度，如图 5-44 所示。

⑤ 设置"图层 1 拷贝"图层的"不透明度"为 20%，如图 5-45 所示。

图 5-44　旋转复制出的图像

图 5-45　设置图层的不透明度

⑥ 按 Q 键，进入蒙版模式，使用 ▣ （渐变工具）在左下角拖动填充渐变，如图 5-46 所示。

⑦ 按 Q 键，退出蒙版模式，可以看到创建了选区。

⑧ 创建选区后，选择"图层 1 拷贝"图层，单击 ▢（添加矢量蒙版）按钮，创建遮罩，如图 5-47 所示。

图 5-46　填充渐变

图 5-47　创建图层蒙版

⑨ 将完成的效果另存为"人物倒影制作 .psd"文件。

5.2.3 地面投影

为配景添加阴影，可使配景与地面自然融合，否则添加的配景就会给人以飘浮在空中的感觉。相对于制作比较复杂的折线投影来说，普通投影的制作方法很简单，主要是运用自由变换命令来完成。

◎ 动手操作——制作地面投影

❶ 在菜单栏中选择"文件 > 打开"命令，打开随书附带的"素材\第 5 章\普通投影 .tif 和人物 5.psd"文件，如图 5-48 所示。

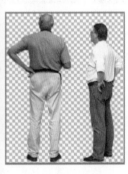

图 5-48　打开的素材图像

❷ 使用 ✛.（移动工具）将人物素材拖曳到效果图中，按 Ctrl+T 组合键，调整图像的大小，如图 5-49 所示。

❸ 按 Ctrl+J 组合键，复制图像，调整"图层 1 拷贝"图层到"图层 1"图层的下方，按 Ctrl+T 组合键，调整人物图像的角度，如图 5-50 所示。

图 5-49　拖曳素材到效果图中　　　　图 5-50　调整图像的角度

④ 按 Ctrl+U 组合键，在弹出的"色相 / 饱和度"对话框中设置"明度"为 -100，并设置图像为黑色，如图 5-51 所示。

⑤ 按 Q 键，进入蒙版模式，并使用 ▣.（渐变工具）从底部到人物区域创建渐变，如图 5-52 所示。

图 5-51　设置明度　　　　　　　　　图 5-52　创建渐变

⑥ 按 Q 键，退出蒙版模式。确定"图层 1　拷贝"图层处于选中状态，单击"图层"面板底部的 ▣（添加矢量蒙版）按钮，创建蒙版，如图 5-53 所示。

注　意

添加蒙版之后遮罩图层处于选中状态，这时如果对图像进行处理，必须选择图像的预览窗口，然后才能对其进行编辑。

⑦ 在菜单栏中选择"滤镜 > 模糊 > 高斯模糊"命令，在弹出的"高斯模糊"对话框中设置"半径"为 6，单击"确定"按钮，如图 5-54 所示。

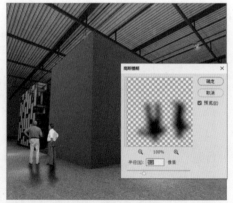

图 5-43　添加蒙版　　　　　　　　　图 5-54　设置图像的模糊效果

⑧ 设置"图层 1 拷贝"图层的"不透明度"为 60%，如图 5-55 所示。

图 5-55 设置图层的不透明度

⑨ 将完成的效果另存为"普通投影制作 .psd"文件。

5.3 植物的处理

在效果图的后期处理中，缺少不了植物的添加，而添加植物也是有很多讲究的，如比例、季节等。下面就来介绍后期处理中植物的一般处理方法。

5.3.1 边缘柔化的处理

由于抠取图像的方法不同，所以会不同程度地出现边缘问题，接下来以室内的植物素材为例，介绍如何将生硬的边缘变得柔滑。

◎ 动手操作——植物的边缘处理 • ○

① 在菜单栏中选择"文件 > 打开"命令，打开随书附带的"素材 \ 第 5 章 \ 客厅日光 .tif 和茶几摆件 .psd"文件，如图 5-56 所示。

图 5-56 打开的图像文件

❷ 使用 ✛ （移动工具）将"茶几摆件.psd"素材拖曳到效果图中，如图 5-57 所示。
拖曳图像到效果图中可以看到边缘稍有生硬，下面将介绍如何处理这种边缘生硬的素材。

❸ 按住 Ctrl 键，单击素材图像所在图层的缩览图，将素材图像载入选区，如图 5-58 所示。

图 5-57　拖曳素材到效果图中

图 5-58　将素材载入选区

❹ 在菜单栏中选择"选择 > 修改 > 边界"命令，在弹出的"边界选区"对话框中设置"宽度"为 4 像素，单击"确定"按钮，如图 5-59 所示。

❺ 设置边界后的选区效果如图 5-60 所示。

图 5-59　设置边界参数

图 5-60　设置边界后的选区

❻ 创建边界选区后，在菜单栏中选择"滤镜 > 模糊 > 高斯模糊"命令，在弹出的"高斯模糊"对话框中设置"半径"为 1.2 像素，单击"确定"按钮，如图 5-61 所示。

❼ 按 Ctrl+D 组合键，设置模糊后的边界效果如图 5-62 所示。

图 5-61　设置模糊参数

图 5-62　设置边界模糊的效果

⑧ 按 Ctrl+T 组合键，打开自由变换框，在场景中等比例调整图像的大小，如图 5-63 所示。

⑨ 按 Ctrl+J 组合键，复制图像，调整图像图层的位置。按 Ctrl+T 组合键，打开自由变换框，将素材图像翻转，如图 5-64 所示。

⑩ 按 Q 键，进入蒙版模式，并使用■.（渐变工具）从底部到花瓶区域创建渐变，如图 5-65 所示。

⑪ 按 Q 键，退出蒙版模式，确定"图层 1 拷贝"图层处于选中状态，单击"图层"面板底部的■（添加矢量蒙版）按钮，创建蒙版。

⑫ 选择"图层 1 拷贝"图层，设置"不透明度"为 30%，并选择它的图层缩览图，使用♥（多边形套索工具）在如图 5-66 所示的位置创建选区，并按 Delete 键，将选区中的图像删除。

图 5-63 调整图像的大小

图 5-64 调整图像的角度

图 5-65 创建渐变

图 5-66 创建选区

⑬ 设置图像合适的不透明度，添加图像素材的效果如图 5-67 所示。

⑭ 将完成的效果另存为"客厅日光植物处理 .psd"文件。

图 5-67　添加素材的效果

5.3.2　调整植物素材的大小法则

在后期处理中调整素材的大小时有以下几个原则。

①. 符合自然规律

植物素材在后期处理中是最为常见的配景，可以通过植物素材来增添效果图的生机。植物素材在后期处理中又分为近景植物、中景植物和远景植物这三类植物。近景植物的调整法则是根据比例来调整，保持纹理清晰、颜色明亮的效果；中景植物相较近景植物来说，纹理可以次之，但也不可以模糊不清；远景植物要处理得模糊、颜色暗淡些，如图 5-68 所示。

图 5-68　场景中远景、近景植物的效果

②. 符合季节规律

在添加植物配景时还要注意所选择树木配景的色调和种类要符合地域和季节特色。

③. 植被疏密有序

在添加树木配景时，并不是种类和数量越多越好，毕竟它的存在是为了陪衬主体建筑，因此，树木配景只要能和主体建筑相映成趣，并注意透视关系和空间关系，切合实际就可以。

5.4 人像的处理

在进行效果图后期处理时，适当地为场景添加一些人物配景是必不可少的。添加人物后，不仅可以很好地烘托建筑、丰富画面、增加场景的透视感和空间感，还能使画面更加贴近生活，富有生活气息。

在添加人物配景时需要注意以下几点。

(1) 所添加人物的形象和数量要与建筑的风格相协调。

(2) 人物与建筑的透视关系和比例关系要一致。

(3) 人物的穿着要与建筑所要表现的季节相一致。

(4) 为人物制作的阴影或者倒影要与建筑的整体光照方向相一致，而且要有透明感。

下面通过一个实例来介绍人物添加的方法和注意事项。

◎ 动手操作——添加人物配景

❶ 在菜单栏中选择"文件 > 打开"命令，打开随书附带的"素材 \ 第 5 章 \ 添加人物 .tif 和商务人 .psd"文件，如图 5-69 所示。

在添加人物配景之前，首先在场景中建立一条参考线，以方便调整人物的大小和高度。

确定场景视平线高度的方法有多种，最常用的是在场景中选定一个参照物，然后以该参照物为依据创建视平参考线。例如，在图中有电梯门和玻璃门，在此可以参考门的高度设置参考线的位置。

图 5-69 打开的图像文件

❷ 按 Ctrl+R 组合键调出标尺，在窗台稍高的位置创建一条水平参考线，即视平参考线，如图 5-70 所示。

❸ 使用 ✛ (移动工具) 将人物素材拖曳到场景中，并调整它的位置，如图 5-71 所示。

图 5-70　建立视平线　　　　　　　　　　　　　　　图 5-71　调整图像的位置

接下来为人物制作投影效果。

❹ 将人物图层进行复制，生成"图层 1 拷贝"图层，使其位于人物图层的下方。

❺ 按 Ctrl+T 组合键，弹出自由变换框，将图像调整成如图 5-72 所示的形态。

❻ 参考前面实例中制作人物倒影的步骤来制作出人物的倒影效果，如图 5-73 所示。

图 5-72　调整图像的形态

图 5-73　制作出倒影效果

❼ 将完成的效果另存为"添加人物的制作 .psd"文件。

5.5 玻璃的处理

玻璃一般有透明和反射两种效果，透明玻璃给人一种窗明几净、舒适的感觉；反射玻璃可以增加效果图的色彩变化。

◎ 动手操作——透明玻璃的处理

❶ 在菜单栏中选择"文件 > 打开"命令，打开随书附带的"素材\第 5 章\玻璃效果 .tga 和玻璃效果通道 .tif"文件，如图 5-74 所示。

图 5-74　打开的图像文件

在打开的"玻璃效果 .tga"文件中可以看到窗户玻璃已经有了反射效果，下面将为其设置一个透明玻璃的效果。

❷ 选择工具箱中的 ✛ (移动工具)，按住 Shift 键将"玻璃效果通道 .tif"素材拖曳到玻璃效果图中，如图 5-75 所示。

❸ 在菜单栏中选择"文件 > 打开"命令，打开随书附带的"素材\第 5 章\窗外景 .jpg"文件，如图 5-76 所示。

图 5-75　拖曳通道素材到效果图中　　　　　图 5-76　打开的素材文件

④ 使用 ✛ (移动工具)将"窗外景 .jpg"素材拖曳到玻璃效果图中,按 Ctrl+T 组合键,调整素材图像的大小,如图 5-77 所示。

⑤ 隐藏"图层 2"图层,选择通道所在的"图层 1"图层,使用 🪄 (魔棒工具)选择窗户玻璃的颜色,如图 5-78 所示。

⑥ 选择并显示"图层 2"图层,单击"图层"面板底部的 ◻ (添加蒙版)按钮,如图 5-79 所示。

⑦ 选择"图层 2"图层缩览图,设置图层的"不透明度"为 70%,如图 5-80 所示。

图 5-77 调整素材的大小

图 5-78 创建玻璃选区

图 5-79 添加图层蒙版

图 5-80 设置图层的不透明度

⑧ 将完成的效果另存为"玻璃效果的制作 .psd"文件。

5.6 如何收集自己的配景素材

在日常生活中,可以通过以下几种途径来收集配景素材。

- 购买专业的配景素材库:由于近年来建筑设计行业的迅速发展,专业的图形图像公司与建筑效果图公司迅速崛起,相关的辅助公司也随之应运而生,其中包括专业制作配景素材的图像公司。所以,可以通过购买它们的产品得到专业的配景素材。

- 通过扫描仪扫描:可以收集一些印刷精美的画册及杂志,通过扫描仪扫描转换为图像格式,以便使用。扫描仪的分辨率不同,所扫描的图像精细程度也不同。分辨率太低，扫描的图像就不是很清晰；分辨率过高，扫描后的文件就会大很多，使用起来不方便。因此，在扫描图像之前，要先弄清楚扫描仪的分辨率，然后根据实际需要灵活选择扫描仪的分辨率。

● 通过数码相机进行实景拍摄：如果想创作出真正属于自己的效果图，建议用户还是带上数码相机，走出房间融入生活中，拍下真实生活中的各种角色。另外，数码相机拍摄的照片可以方便修改以及保存。

● 借助网络：现在网络非常发达，可以通过下载得到自己需要的配景素材。当然，前提是不能有知识产权的问题。

5.7　小结

　　本章通过制作几个典型且实用的实例，介绍了效果图中遇到的各种投影和阴影的处理、植物的处理和人像的处理方法，并介绍了如何调整素材的色调来满足效果图的不同效果。希望通过对本章的学习，读者能够灵活运用配景素材的各种处理方法，提高制作水平。

第6章

室内效果图的
光效与色彩

　　场景中任何造型的体积感和质感都是通过光照被观者所感知的，因此灯光的创建和处理在效果图制作过程中是很重要的。理想的光照效果可以为场景营造出恰当的环境氛围，设计师利用室内光和室外光的巧妙结合，营造出了一种人们结束了一天紧张忙碌的工作后，投身到夜生活中放松身心的那种轻松、惬意的感觉。

　　对于效果图制作来说，建模部分不是很难，最难的是灯光的创建，因为灯光创建的好坏将直接影响到最终效果图的成功与否。但往往在后期处理的过程中发现效果图场景的光照效果不是很理想，如果重新调整输出太浪费时间，这时可以用 Photoshop 的相关命令进行处理。

　　在效果图设计中，色彩具有重要的地位，因为效果图设计最终是以其形态和色彩为人们所感知的。色彩除了对视觉产生影响外，还对人的情绪、心理产生影响。另外，色彩也是一种最实际的装饰因素，它可以创造建筑环境的情调和气氛。而光影可以直观地实现建筑模型的质感，所以光效的处理将直接影响到效果图的最终效果。一般来说，效果图的光效可以通过 3ds Max 软件来实现，但是有时花费大量的时间，也不一定能够得到理想的效果。这时就可以运用 Photoshop 软件对效果图的光效进行处理再加工。

6.1 光效画笔

在 3ds Max 等三维软件中除了可以添加光效外，还可以添加光效的素材和画笔。下面介绍如何将光效画笔加载到 Photoshop 中。

◎ 动手操作——加载和使用光效画笔 　　　　　　　　　　　　● ○

❶ 选择工具箱中的 ✏（画笔工具），接着单击工具选项栏中笔触右侧的 ∨ 按钮，在弹出的笔触下拉面板中单击 ✿ 按钮，在弹出的下拉菜单中选择"导入画笔"命令，如图 6-1 所示。

❷ 在弹出的"载入"对话框中打开随书附带的"素材 \ 第 6 章 \100 款超酷镜头光晕 PS 笔刷 _for_CS2_to_CS5.abr"文件，单击"载入"按钮，如图 6-2 所示。

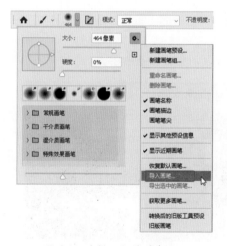

图 6-1　选择下拉菜单命令　　　　　　　　　　　图 6-2　载入画笔

❸ 载入画笔后，可以看到画笔缩览图，如图 6-3 所示。

❹ 选择一种画笔笔触，应用光效画笔后的效果如图 6-4 所示。

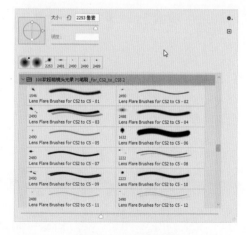

图 6-3　画笔缩览图　　　　　　　　　　　　　　图 6-4　添加光效

6.2 室内光效的制作

下面通过几个常见的室内光效实例来讲述如何制作室内光的效果。

6.2.1 暗藏灯光晕

在室内的灯光表现中，暗藏灯的使用频率是非常高的，无论是在客厅、卧室还是在工装中的会议室、酒店大堂等，均大量使用暗藏灯来进行照明。下面介绍如何在 Photoshop 中制作暗藏灯光效。

◎ **动手操作——制作暗藏灯光效果**

❶ 在菜单栏中选择"文件 > 打开"命令，打开随书附带的"素材 \ 第 6 章 \ 暗藏灯光晕 .tif"文件，如图 6-5 所示。

❷ 使用 ⯐（多边形套索工具）在效果图的顶部创建选区，如图 6-6 所示。

图 6-5　打开的效果图

图 6-6　创建选区

❸ 在工具箱中设置背景色为白色，在"图层"面板中新建"图层 1"图层，按 Ctrl+Delete 组合键，填充选区为白色，如图 6-7 所示。

❹ 在菜单栏中选择"选择 > 修改 > 收缩"命令，在弹出的"收缩选区"对话框中设置"收缩量"为 30 像素，单击"确定"按钮，如图 6-8 所示。

图 6-7　填充选区为白色

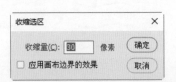

图 6-8　设置选区的收缩

⑤ 在菜单栏中选择"选择 > 修改 > 羽化"命令，在弹出的"羽化选区"对话框中设置"羽化半径"为 30 像素，单击"确定"按钮，如图 6-9 所示。

⑥ 设置选区的羽化后，按 Delete 键，将选区中的白色区域删除，如图 6-10 所示。

图 6-9　设置羽化半径

图 6-10　删除选区中的图像

⑦ 将完成的效果另存为"暗藏灯光晕的制作 .psd"文件。

6.2.2　台灯光晕

在室内效果图中，台灯光晕效果的表现也是非常重要的。在制作台灯光晕效果时应注意光晕的特征。在靠近光源的部分，其光亮度一般会很强，散射开并逐渐减弱，然后在目标点位置投射出一个光圈。

◎ 动手操作——制作台灯光晕效果

① 在菜单栏中选择"文件 > 打开"命令，打开随书附带的"素材 \ 第 6 章 \ 台灯光效 .tif"文件，如图 6-11 所示。

② 在"图层"面板中新建"图层 1"图层，选择工具箱中的 ◯ (椭圆选框工具)，在如图 6-12 所示的台灯上方创建椭圆选区。

图 6-11　打开的文件

图 6-12　创建椭圆选区

③ 在工具箱中单击前景色图标，在弹出的"拾色器（前景色）"对话框中设置 R=255、G=238、B=175，按 Alt+Delete 组合键，填充选区为前景色，如图 6-13 所示。按 Ctrl+D 组合键，取消选区的选择。

④ 在菜单栏中选择"滤镜>模糊>高斯模糊"命令，在弹出的"高斯模糊"对话框中设置"半径"为 45.0 像素，如图 6-14 所示，单击"确定"按钮。

⑤ 在"图层"面板中设置"图层 1"图层的混合模式为"叠加"，如图 6-15 所示。

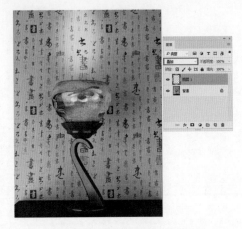

图 6-13　填充选区前景色　　图 6-14　设置模糊的参数　　图 6-15　设置图层的混合模式

⑥ 新建"图层 2"图层，设置背景色为白色，使用 ◯.（椭圆选框工具）在如图 6-16 所示的位置创建椭圆选区。按 Ctrl+Delete 组合键，填充背景白色；按 Ctrl+D 组合键，取消选区的选择。

⑦ 在菜单栏中选择"滤镜>模糊>高斯模糊"命令，在弹出的"高斯模糊"对话框中设置"半径"为 45 像素，如图 6-17 所示，单击"确定"按钮。

⑧ 在"图层"面板中设置"图层 2"图层的"不透明度"为 20%，如图 6-18 所示。

图 6-16　填充选区背景色　　图 6-17　设置模糊的参数　　图 6-18　设置图层的不透明度

⑨ 将完成的效果另存为"台灯光效的制作 .psd"文件。

6.2.3　霓虹灯光效

　　每当夜幕降临时，城市就会隐现在霓虹闪烁的灯光中。霓虹灯是城市的美容师，它们把城市的夜晚装扮得格外美丽，它们使城市"亮"起来。繁华的街道两侧，处处是发光字招牌，或用来吸引顾客，或装饰夜景，给夜晚的街道营造了一种温馨、热闹的气氛，成为一道亮丽的风景线。本节将介绍如何制作霓虹灯发光字效果。

◎ **动手操作——制作霓虹灯效果** ● ○

　　❶ 在菜单栏中选择"文件 > 打开"命令，打开随书附带的"素材 \ 第 6 章 \ 霓虹灯光效 .tif"文件，如图 6-19 所示。

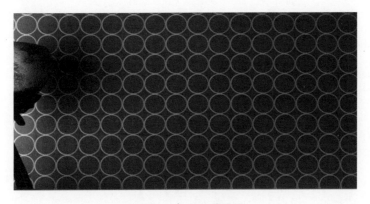

图 6-19　打开的效果图

　　❷ 选择工具箱中的 **T**（横排文字工具），在效果图中输入文字，并在工具选项栏中设置文本的属性，效果如图 6-20 所示。

图 6-20　创建文本

　　❸ 在"图层"面板的文本图层上方新建"图层 1"图层，按住 Ctrl 键，单击文本图层的 T 字缩览图，将其载入选区，如图 6-21 所示。

　　❹ 在菜单栏中选择"编辑 > 描边"命令，在弹出的"描边"对话框中设置"宽度"为 6 像素，颜色为黄色，如图 6-22 所示，单击"确定"按钮。

图 6-21　载入文本选区

图 6-22　设置描边

⑤ 按 Ctrl+D 组合键，将文本图层隐藏，设置描边后的效果如图 6-23 所示。

图 6-23　描边后的效果

⑥ 双击"图层 1"图层，在弹出的"图层样式"对话框中选中"外发光"和"投影"复选框，单击"确定"按钮，如图 6-24 所示。

⑦ 使用 ♀（套索工具）在效果图中文本的周围创建选区，如图 6-25 所示。

⑧ 按 Shift+F6 组合键，在弹出的"羽化选区"对话框中设置"羽化半径"为 20 像素，如图 6-26 所示。

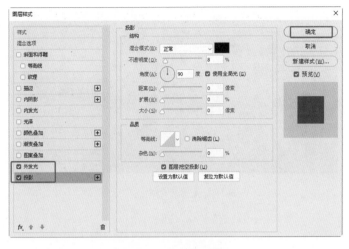

图 6-24　设置图层样式

图 6-25　创建选区

图 6-26　设置羽化

❾ 选择"背景"图层，按 Ctrl+U 组合键，在弹出的"色相 / 饱和度"对话框中选中"着色"复选框，设置为黄色，如图 6-27 所示。

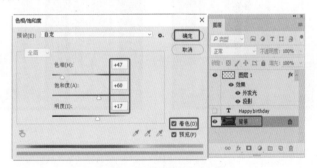

图 6-27　设置色相 / 饱和度

❿ 设置色相 / 饱和度后的效果如图 6-28 所示。

⓫ 将完成的效果另存为"霓虹灯光效的制作 .psd"文件。

图 6-28　设置后的霓虹灯效果

6.2.4　聚光灯光效

在室内的效果图中，聚光灯光束是非常常见的一种光效，如射灯、筒灯的照射光效。下面将以实例的方式介绍聚光灯光效的制作。

◎ 动手操作——制作聚光灯光效

❶ 在菜单栏中选择"文件>打开"命令，打开随书附带的"素材\第6章\聚光灯光芒.tif"文件，如图 6-29 所示。

❷ 选择工具箱中的 🔾（多边形套索工具），根据筒灯照射的焦距创建选区，如图6-30所示。

图 6-29　打开的文件

图 6-30　创建选区

❸ 在"图层"面板中新建一个图层。选择工具箱中的 ■（渐变工具），在工具选项栏中单击渐变色块，在弹出的对话框中设置浅黄色到透明的渐变，并在选区内侧由上向下拖曳出渐变，如图 6-31 所示。

❹ 在填充渐变后，按 Ctrl+D 组合键，取消选区的选择，效果如图 6-32 所示。

❺ 在菜单栏中选择"滤镜>模糊>高斯模糊"命令，在弹出的"高斯模糊"对话框中设置"半径"为15 像素，如图 6-33 所示，单击"确定"按钮。

❻ 在"图层"面板中设置"图层 1"图层的混合模式为"柔光"，如图 6-34 所示。

❼ 设置图层混合模式后的效果如图 6-35 所示。

图 6-31　拖曳出渐变

图 6-32　填充的渐变效果

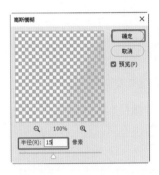

图 6-33　设置模糊的参数　图 6-34　设置图层的混合模式　　图 6-35　设置混合后的效果

⑧ 按 Ctrl+J 组合键，复制图像到新图层中，设置图层的"不透明度"为 10%，如图 6-36 所示。

⑨ 设置图层后的效果如图 6-37 所示。

⑩ 在"图层"面板中按住 Ctrl 键，选择两个作为光照的图层，在效果图中，使用 ✛（移动工具），按住 Alt 键，移动复制光照图像，如图 6-38 所示。

图 6-36　复制图层　　　　图 6-37　光照的效果　　　　　图 6-38　复制光照效果

⑪ 将完成的效果另存为"聚光灯光芒的制作 .psd"文件。

6.2.5 筒灯光效

制作筒灯光效时除了制作聚光灯效果外，还会制作十字星光效果。在本章的开头讲述了如何加载光效画笔来制作光效，如图 6-39 和图 6-40 所示；除此之外，还可以加载一些光芒素材，通过调整图层来完成筒灯光效的制作。下面以实例的方式介绍通过添加素材来制作筒灯光效。

图 6-39　打开的图像　　　　　　　图 6-40　设置合适的画笔并绘制光芒

◎ 动手操作——添加筒灯素材模拟光效

❶ 在菜单栏中选择"文件 > 打开"命令，打开随书附带的"素材\第 6 章\筒灯光效 .png 和光晕 .png"文件，如图 6-41 所示。

图 6-41　打开的图像

❷ 使用 ✛.（移动工具）将"光晕 .png"素材拖曳到效果图中，放置到筒灯的位置，调整合适的大小，如图 6-42 所示。

❸ 设置其图层的混合模式为"滤色"，如图 6-43 所示。

❹ 按住 Alt 键，在图中移动复制光晕效果，如图 6-44 所示。

图 6-42　将素材拖曳到效果图中　　图 6-43　设置图层的混合模式　　图 6-44　复制光晕效果

6.2.6　喷光光效

效果图的喷光光效主要是灯光照射到物体上的反射高光。在效果图中制作喷光光效可以凸显室内的氛围。图 6-45 所示为制作喷光光效前后的对比。

💡 提　示

喷光的效果不要过于明显，太明显就会显得效果非常假，而且喷光对于灯光层次不明显的效果图起到修饰氛围的作用。

图 6-45　制作喷光光效前后的对比

◎ 动手操作——制作喷光光效

❶ 在菜单栏中选择"文件>打开"命令，打开随书附带的"素材\第 6 章\喷光 .jpg"文件，如图 6-45（左）所示。

❷ 在"图层"面板中新建"图层 1"图层，设置图层的混合模式为"正片叠底"。双击"图层 1"图层，在弹出的"图层样式"对话框中取消选中"透明形状图层"复选框，如图 6-46 所示。

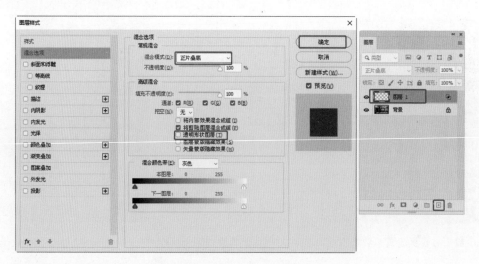

图 6-46　设置图层的图层样式

❸ 在工具箱中单击前景色图标，在弹出的"拾色器（前景色）"对话框中设置 R=255、G=235、B=199，单击"确定"按钮，如图 6-47 所示。

❹ 选择工具箱中的 ✐（画笔工具），在工具选项栏中设置画笔的笔触，并设置画笔的"不透明度"为 10%，如图 6-48 所示。

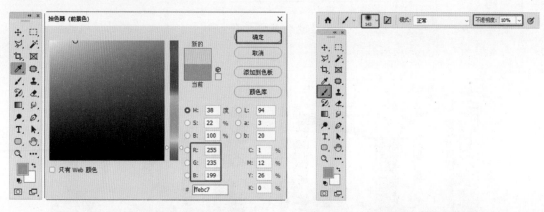

图 6-47　设置前景色　　　　　　　　　　　　　　图 6-48　设置画笔的参数

❺ 在效果图中涂抹出反射高光的喷光光效，如图 6-45（右）所示。

6.3　效果图氛围的色彩处理

效果图的色彩与建筑材料是密切相关的，一方面，建筑效果图必须真实反映建筑材料的色感与质感；另一方面，效果图必须具有一定的艺术创意，要表达出一定的氛围与意境。

构成建筑效果图色彩的因素主要有两点：一是建筑材料，二是环境灯光的色彩。对于前者必须使用固有色，以表现真实感；对于后者，创意空间则较大。

6.3.1　确定效果图的主色调

每一幅效果图都有一个主色调，就像乐曲的主旋律一样，主导了整个作品的艺术氛围。

色彩是城市文化、城市美学的重要组成部分，建筑物的色彩甚至能影响到人们的生存环境和情感。不同主题的风格讲究的色调也不一样，如欧式风格注重的是富丽堂皇，中式风格注重尊贵礼仪，地中海风格则是以清新的蓝色海洋色调为主。

效果图的色调还包括色彩的明度和彩度，色彩明度高，给人以轻快、明朗、清爽、优美的感觉。而色彩彩度的选择要因建筑而异，大的建筑物，体量越大，色彩选择应该越淡；反之，色彩则以活泼为主，如图 6-49 所示。

图 6-49　建筑复杂程度的色彩对比

另外，公共设施类的效果图最好成组建设，成批统一规划安排，有利于色调上的协调。

6.3.2　使用色彩对比表现主题

色彩在室内设计中具有多重功能，除具备审美方面的功能外，同时还具有表现和调节室内空间情趣的作用。

在环境色彩中两种色彩互相影响，强调显示差别的现象，称作色彩对比。当同时观看相邻或接近的两种色彩时所发生的色彩对比，称作同时对比。

如果建筑物内部的色彩属性有所变化时，还会产生属性之间的对比。色相和彩度相同时有明度对比；色相和明度相同时有彩度对比；明度和彩度相同时有色相对比。两种色彩之间必定存在差别，同时也必定产生相互影响。比如，黑底上的灰色看起来要比白底上的灰色更明亮。又如，在两张灰色的底图上分别画上密集的黑线和白线，黑线部分的灰色底图显得深，而白线部分的灰色底图则显得浅。

好的效果图一般用色不超过 3 种，这个原则在室内效果图中体现得更为明显。如果画面中颜色过多，整个画面就会显得混乱，使人看上去很不舒服。

色彩对比可以使图更加好看，更加有韵味。色彩学上说的互补色就是色彩对比，例如，黄蓝对比、红绿对比、黑白对比等。红色让绿色显得更绿，反过来也一样。黄色最大限度地强化了蓝色。事实上，当你看到一种色彩时，你内在的感知能力就会想到它的互补色。任何两种色彩放到一起，彼此都会微妙地影响对方。每一种色彩安排，依据色彩在这种安排中的分量、质量和相邻关系，就会出现各种独特的联系和张力。

对于各种场所的设计师来说，不要以为把互为对比色的几种颜色加在一起即可，其实一样要考虑它们的明度和纯度、面积大小等。黄蓝对比就着重于明度和纯度，在使用时明度中等的黄色和纯度高点的蓝色搭配在一起是没有问题的。红绿讲究面积大小，大面积的红加上小面积的绿是没有问题的，但是不能平均面积，否则就会显得土气。色彩的使用位置应根据图的主色来调整，主色应该用在近处，然后是装饰色，最后是次色。

强烈的色彩对比或怪诞的色彩对比，都能突出主体物，需要注意的是其他次要的物体色彩不能太抢眼，要有点模糊的概念。图 6-50 所示为使用了色彩对比的两幅效果图。

图 6-50　色彩对比效果图

6.4　小结

本章主要讲述了建筑与环境的色彩处理关系，以及室内各种常用光效的制作方法，其中包括暗藏灯光效、台灯光效、霓虹灯光效、聚光灯光效和筒灯光效的制作等。希望读者通过本章知识的学习，能够熟练掌握和运用所学的知识，提高效果图后期处理水平，以制作出高水准的效果图。

第7章

效果图的艺术特效

在完成效果图的后期处理后，为使自己的设计作品在众多竞争者中脱颖而出，设计师往往会进行艺术再加工，为效果图制作一些特殊效果，以此来吸引观者视线。

7.1 水彩效果

水彩效果的特点之一就是具有一定的块状区域，因为它是一笔一笔画出来的，所以它不具有普通图片平滑渐变、清晰的细节。

◎ 动手操作——制作水彩效果

① 在菜单栏中选择"文件＞打开"命令，打开随书附带的"素材＼第 7 章＼水彩效果 .tif"文件，如图 7-1 所示。

② 在菜单栏中选择"滤镜＞模糊＞特殊模糊"命令，在弹出的"特殊模糊"对话框中设置各项参数，如图 7-2 所示。

图 7-1　打开的图像　　　　　　　　　　图 7-2　设置特殊模糊

执行上述操作后，去掉了图像中一些不太需要的细节。

③ 在菜单栏中选择"滤镜＞滤镜库"命令，打开滤镜库，选择"艺术效果"选项组中的"水彩"选项，设置各项参数，如图 7-3 所示。

图 7-3　设置"水彩"参数

执行上述操作后，图像效果如图7-4所示。

❹在菜单栏中选择"图像>调整>曲线"命令，在弹出的"曲线"对话框中设置各项参数，如图7-5所示。

图7-4　设置水彩后的效果

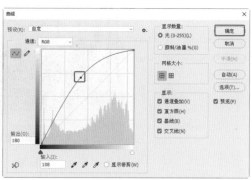

图7-5　调整"曲线"参数

执行上述操作后，图像效果如图7-6所示。

图7-6　设置曲线后的效果

❺在菜单栏中选择"滤镜>滤镜库"命令，打开滤镜库，选择"纹理"选项组中的"纹理化"选项，从中设置各项参数，如图7-7所示。

图7-7　设置"纹理化"参数

执行上述操作后，得到图像的最终效果，如图7-8所示。

图 7-8　最终的水彩效果

⑥ 将调整好的图像另存为"水彩效果的制作.tif"文件。

7.2　油画效果

油画效果是一种很另类、很有个性的效果，非常有视觉冲击力。如果你的用户是一个非常喜欢另类、个性的人，处理一幅油画效果的设计图给他看，将是一个很不错的主意。

◎ 动手操作——制作油画效果

① 在菜单栏中选择"文件>打开"命令，打开随书附带的"素材\第7章\油画效果.jpg"文件，如图7-9所示。

油画一般色彩鲜艳，所以要先对图像进行色彩饱和度的调整。

② 在菜单栏中选择"图像>调整>色相/饱和度"命令，在弹出的"色相/饱和度"对话框中设置"饱和度"为+54，如图7-10所示。

图 7-9　打开的效果图

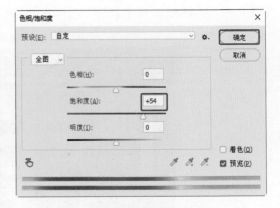

图 7-10　调整饱和度

从图7-11所示的调整饱和度后的图像中可以看出，图像的饱和度提高了不少。

③ 在菜单栏中选择"滤镜>模糊>高斯模糊"命令，在弹出的"高斯模糊"对话框中设置"半径"为1.5像素，如图7-12所示。

图 7-11　设置饱和度后的效果

图 7-12　设置模糊参数

执行"高斯模糊"命令后的效果如图 7-13 所示。

❹ 在菜单栏中选择"滤镜 > 像素化 > 彩块化"命令，图像效果如图 7-14 所示。

注　意

如果觉得效果不是很好，可按 Ctrl+F 组合键根据需要多执行一次。

图 7-13　执行高斯模糊后的效果

图 7-14　设置彩块化的效果

❺ 在菜单栏中选择"滤镜 > 滤镜库"命令，打开滤镜库，选择"艺术效果"选项组中的"绘画涂抹"选项，设置各项参数，如图 7-15 所示。

图 7-15　设置"绘画涂抹"参数

⑥ 在菜单栏中选择"滤镜＞滤镜库"命令，打开滤镜库，选择"纹理"选项组中的"纹理化"选项，设置各项参数，如图 7-16 所示。

图 7-16　设置"纹理化"参数

⑦ 按 Ctrl+J 组合键，复制图像到"图层 1"图层中，设置图层的混合模式为"颜色减淡"，"不透明度"为 30%，如图 7-17 所示。

设置完成后的油画效果如图 7-18 所示。

图 7-17　复制图层并设置其属性

图 7-18　完成的油画效果

⑧ 将调整好的图像另存为"油画 .psd"文件。

7.3　素描效果

如果用户喜欢那种简单、质朴风格的效果，那么简洁明快的钢笔画、铅笔画效果不失为一种很好的选择。它模拟画家的手法，寥寥几笔就可以勾勒出迷人的线条，为作品增添一份艺术效果。

◎ 动手操作——制作素描效果

① 在菜单栏中选择"文件＞打开"命令，打开随书附带的"素材 \ 第 7 章 \ 素描效

果 .jpg"文件，如图 7-19 所示。

❷ 在菜单栏中选择"图像 > 调整 > 去色"命令，去除图像的色彩，如图 7-20 所示。

图 7-19　打开的文件　　　　　　　　　　图 7-20　去除图像的色彩

❸ 在"图层"面板中按 Ctrl+J 组合键，复制图像到"图层 1"图层中，如图 7-21 所示。

❹ 确认"图层 1"图层为当前图层，在菜单栏中选择"图像 > 调整 > 反相"命令，效果如图 7-22 所示。

❺ 设置"图层 1"图层的混合模式为"颜色减淡"，如图 7-23 所示。

图 7-21　复制图像　　　　图 7-22　调整图像的反相　　　图 7-23　设置图层的混合模式

❻ 在菜单栏中选择"滤镜 > 其他 > 最小值"命令，在弹出的"最小值"对话框中设置"半径"为 1 像素，如图 7-24 所示，得到如图 7-25 所示的效果。

图 7-24　设置"最小值"参数　　　　　　图 7-25　素描的效果

⑦ 在"图层"面板中设置"图层 1"图层的"不透明度"为 50%，如图 7-26 所示。得到如图 7-27 所示的最终素描效果。

图 7-26　设置图层的不透明度　　　　　　图 7-27　最终素描效果

⑧ 将调整好的图像另存为"素描 .psd"文件。

7.4　水墨画效果

在 Photoshop 中模拟水墨画的效果很多，制作的最终效果如何，还是要看原始素材的特点。一般中式建筑的素材就比较适合制作水墨画效果。

动手操作——制作水墨画效果

① 在菜单栏中选择"文件 > 打开"命令，打开随书附带的"素材 \ 第 7 章 \ 水墨画效果 .tif"文件，如图 7-28 所示。

② 在菜单栏中选择"图像 > 调整 > 通道混合器"命令，弹出"通道混和器"对话框，设置各项参数，如图 7-29 所示。

图 7-28　打开的效果图　　　　　　图 7-29　设置"通道混和器"参数

执行上述操作后，图像变为黑白两色效果，如图 7-30 所示。

图 7-30 调整通道混合器后的效果

❸ 在"图层"面板中将"背景"图层复制一层，生成"图层 1"图层，并修改该图层的混合模式为"叠加"，图像效果如图 7-31 所示。

❹ 按 Ctrl+Alt+Shift+E 组合键盖印可见图层，这时就可以看到刚才新建的图层多了一张图片，并且是刚刚做好效果的图层，将该图层命名为"图层 2"。

❺ 在菜单栏中选择"滤镜 > 杂色 > 中间值"命令，在弹出的"中间值"对话框中设置"半径"为 2 像素，如图 7-32 所示。设置中间值后的图像效果如图 7-33 所示。

图 7-31 复制并设置图层的混合模式后的效果

图 7-32 设置"中间值"参数

图 7-33 设置中间值后的效果

⑥ 在"图层"面板中新建"图层3"图层，在效果图中使用红色的画笔绘制如图7-34所示的红色区域，并使用橡皮擦工具擦出喷溅的效果。

图 7-34　绘制红色区域

⑦ 设置"图层3"图层的混合模式为"正片叠底"，"不透明度"为50%，如图7-35所示。

图 7-35　设置图层的混合模式

⑧ 使用同样的方法可以在效果图中绘制多种颜色。最后新建一个图层，并填充颜色为R=159、G=90、B=29，设置图层的混合模式为"正片叠底"，"不透明度"为20%，如图7-36所示。

图 7-36　填充图层的颜色并设置图层属性

⑨ 在菜单栏中选择"滤镜>滤镜库"命令，打开滤镜库，选择"艺术效果"选项组中的"调色刀"选项，设置各项参数，如图7-37所示。

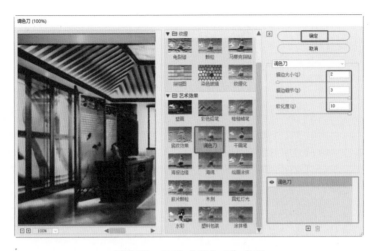

图 7-37　设置"调色刀"参数

⑩ 在菜单栏中选择"滤镜 > 滤镜库"命令，打开滤镜库，选择"纹理"选项组中的"纹理化"选项，设置各项参数，如图 7-38 所示。

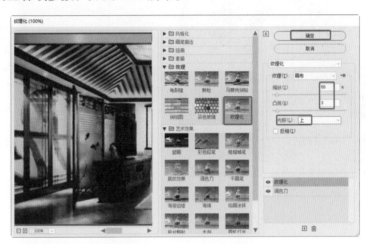

图 7-38　设置"纹理化"参数

⑪ 设置完成后的最终效果如图 7-39 所示。将调整好的图像另存为"水墨画效果的制作 .psd"文件。

图 7-39　完成的水墨画效果

7.5 旧电视效果

如果用户需要怀旧效果，可以尝试一下旧电视风格。旧电视风格包含了70、80后的童年回忆。

◎ 动手操作——制作旧电视效果

① 在菜单栏中选择"文件 > 打开"命令，打开随书附带的"素材 \ 第 7 章 \ 旧电视效果 .jpg"文件，如图 7-40 所示。

② 在菜单栏中选择"图像>调整>黑白"命令，在弹出的"黑白"对话框中设置合适的参数，如图 7-41 所示，单击"确定"按钮。

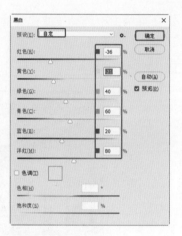

图 7-40　打开的文件　　　　　　　　图 7-41　设置"黑白"参数

③ 按 Ctrl+U 组合键，在弹出的"色相 / 饱和度"对话框中选中"着色"复选框，设置合适的参数，如图 7-42 所示。

调整色相 / 饱和度后的效果如图 7-43 所示。

图 7-42　设置"色相 / 饱和度"参数　　　图 7-43　设置色相 / 饱和度后的效果

④ 在菜单栏中选择"滤镜 > 杂色 > 添加杂色"命令，在弹出的"添加杂色"对话框中

设置合适的参数，如图 7-44 所示。

添加杂色后的效果如图 7-45 所示。

图 7-44 设置"添加杂色"参数

图 7-45 添加杂色后的效果

❺ 选择工具箱中的 （单列选框工具），按住 Shift 键，在图像中多选单列区域，如图 7-46 所示。

❻ 选中"背景"图层，按 Ctrl+J 组合键，复制选区中的图像到新的图层。按 Ctrl+M 组合键，打开"曲线"对话框，调整复制图像的曲线效果，如图 7-47 所示。

图 7-46 多选单列区域

图 7-47 复制并调整图像

❼ 调整图像后，使用 （橡皮擦工具）擦除一些单列图像，使图像更加自然一些，最终效果如图 7-48 所示。

图 7-48 旧电视效果

⑧ 将调整好的图像另存为"旧电视效果.psd"文件。

7.6 晕影效果

制作晕影效果的目的是突出主体建筑，吸引观者的视线。

◎ 动手操作——制作晕影效果

① 在菜单栏中选择"文件>打开"命令，打开随书附带的"素材\第7章\晕影.png"文件，如图7-49所示。

② 在"图层"面板中复制一个"图层0 拷贝"图层。按Ctrl+M组合键，在弹出的"曲线"对话框中调整曲线，如图7-50所示，单击"确定"按钮。

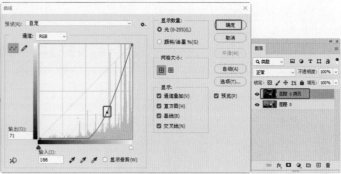

图7-49　打开的图像　　　　　　　　　　　图7-50　调整图像的曲线

③ 使用 ![橡皮擦] (橡皮擦工具)将中间的图像擦除，只留下四周的图像，并设置图层的"不透明度"为50%，如图7-51所示。

图7-51　擦除图像

④ 将调整好的图像另存为"晕影的制作 .psd"文件。

7.7　小结

　　本章简单讲述了几种特殊效果图的制作方法和技巧，着重介绍水彩效果、油画效果、素描效果、水墨画效果、旧电视效果、晕影效果等。本章实例的制作渗透了 Photoshop 软件中各种工具和命令的应用技巧，同时强调了作品的审美意识。

第 **8** 章

新中式家装的
后期处理

在前面的章节中主要学习了效果图
后期处理的一些基础知识，其中包括
Photoshop 软件中一些常用工具及命令的
用法、效果图中光效和色彩的处理，以及
如何修补带有缺陷的效果图等，可以说几
乎把效果图后期处理中用到的工具和命令
都讲到了。从本章开始，将进入效果图后
期处理的实战操作旅程。

本章将学习制作一幅新中式家装效果
图的后期处理，处理前和处理后的效果对
比如图 8-1 所示。

图 8-1　新中式家装的后期处理前后对比

8.1　新中式家装后期处理的要点

在图 8-1 中可以很明显地看出，直接从 3ds Max 渲染输出的新中式家装效果图会存在一些瑕疵，如空间的色调不是很温馨亮丽、整体画面太灰、光感不够、层次不强。因此，需要用 Photoshop 对渲染图片进行二次加工。

在做新中式家装效果图后期处理时，用户通常要做的工作包括调整画面的整体色调、对画面的细部进行单独调整，以使整个画面更加人性化、生活化。

另外，为了避免画面缺乏层次感，可以通过适当的对比，将该暗的地方调暗一些，将该亮的地方调亮一些，以求达到突出画面主题、增加空间层次的目的。在这里需要注意的是，不管怎么黑，都不能出现死黑的现象，再暗的部分也要有颜色倾向。

8.2　新中式家装后期处理的制作流程

本节将运用 Photoshop 软件对客厅效果图进行后期处理。室内的空间较小，其后期处理比较简单，不需要添加太多的配景。

新中式家装效果图后期处理的制作流程一般由以下几步组成。

(1) 调整渲染图片的整体色调。在添加配景之前，要先用 Photoshop 软件中相应的色彩调整命令对画面的整体色调和明暗对比度进行调整，以使画面更加符合场景要求。

(2) 对场景细部刻画。在这里，细部刻画是对效果图场景中局部色调、明暗对比度的调整。

(3) 为场景制作特殊光效。为场景添加特殊光效可以丰富画面的整体效果，可以采用最简单的方法直接将制作好的光效拖到场景中。

8.2.1　调整图像整体效果

用 3ds Max 渲染的最终效果，往往会与预期的效果有些差别，如明暗、色彩上都会有欠缺，这时，就可以用 Photoshop 对渲染图片中的不足之处进行提亮、修饰、美化。

◎ 动手操作——新中式家装整体色调的调整

❶ 在菜单栏中选择"文件 > 打开"命令，打开随书附带的"素材 \ 第 8 章 \ 新中式家装的后期处理 .png 和颜色通道 .png"文件，如图 8-2 所示。

❷ 选择工具箱中的 ✛.（移动工具），然后在按住 Shift 键的同时将"颜色通道 .png"文件拖动到"新中式家装的后期处理 .png"文件中，再将"颜色通道 .png"文件关闭。

❸ 在"图层"面板中将"背景"图层进行复制，得到"背景 拷贝"图层，调整至通道图层的上方，如图 8-3 所示。

图 8-2　打开的文件　　　　　　　　图 8-3　复制并调整图层

❹ 选中"背景 拷贝"图层，按 Ctrl+M 组合键，在弹出的"曲线"对话框中调整图像的曲线，如图 8-4 所示。

调整曲线后得到如图 8-5 所示的效果。

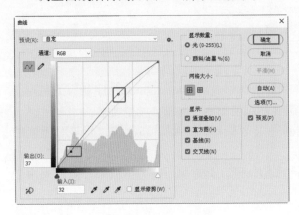

图 8-4　调整曲线的形状　　　　　　　图 8-5　调整曲线后的效果

提 示

在效果图后期处理中记住常用的快捷键可以提高制作速度。

8.2.2　新中式家装效果图的局部处理

调整整体的曲线效果后，接下来将对该效果图的局部进行刻画，使效果图更加具有层次感，并使其得到真实的原始材质效果。

◎ 动手操作——新中式家装的局部刻画

❶ 在"图层"面板中隐藏"背景 拷贝"图层，选中通道所在的"图层 1"图层。选择工具箱中的 ✎（魔棒工具），在工具选项栏中单击 ◨（添加到选区）按钮，选择作为顶部的颜色，如图 8-6 所示。

❷ 选中"背景 拷贝"图层，按 Ctrl+J 组合键，复制选区中的图像到新的图层中。使用 ⚐

（多边形套索工具）在场景中选择餐厅顶区域，如图 8-7 所示。

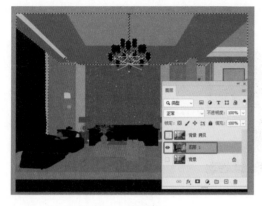

图 8-6　创建顶部选区

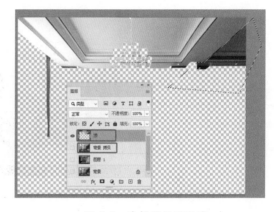

图 8-7　选择餐厅顶区域

提　示

　　使用 🖌️（魔棒工具）选择通道中图像的颜色时，需要设置一个较小的容差值，数值为 10 左右即可，避免多选出其他区域。

注　意

　　从图 8-8 中可以看出餐厅顶部较暗，调整灰色的最好方法就是用"色阶"命令。

❸ 创建选区后，选择顶部所在的图层，按 Ctrl+L 组合键，打开"色阶"对话框，从中调整灰度区域和亮度区域的色标，调亮后单击"确定"按钮，如图 8-8 所示。

调整餐厅顶的色阶后可以发现餐厅顶的颜色稍偏黄，下面需要对其颜色进行调整。

❹ 确定选区处于选中状态，按 Ctrl+U 组合键，打开"色相/饱和度"对话框，从中设置"饱和度"的参数，降低饱和度，单击"确定"按钮，如图 8-9 所示。按 Ctrl+D 组合键取消选区的选择。

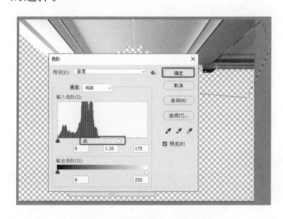

图 8-8　调整餐厅顶的色阶

图 8-9　调整餐厅顶的饱和度

❺ 在"图层"面板中选中"图层 1"图层，使用 🖌️（魔棒工具）在场景中选择如图 8-10

所示的颜色区域。

图 8-10　选择颜色选区

在使用通道颜色选择区域时避免不了多区域选择，针对这种情况我们可以多区域分别调整图像。

⑥ 创建选区后，选中"背景拷贝"图层，按 Ctrl+J 组合键，复制选区中的图像到新的图层中，使用 ⬦（多边形套索工具）或其他的选区工具，在曝光的木饰面高柜和窗帘区域创建选区，如图 8-11 所示。

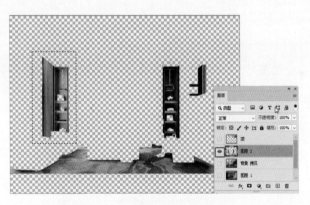

图 8-11　创建曝光木饰面选区

⑦ 按 Ctrl+L 组合键，打开"色阶"对话框，从中调整暗部区域的色标，单击"确定"按钮，如图 8-12 所示。按 Ctrl+D 组合键取消选区的选择。

图 8-12　调整曝光木饰面选区的色阶

⑧ 继续在另一个较暗的木饰面柜子区域创建选区，按Ctrl+L组合键，打开"色阶"对话框，从中设置色阶的色标位置，如图 8-13 所示，调亮该区域后单击"确定"按钮。按 Ctrl+D 组合键取消选区的选择。

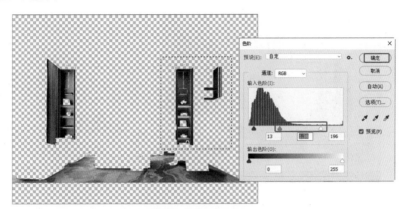

图 8-13　调亮选区中的图像

⑨ 为地毯创建选区，按 Ctrl+L 组合键，打开"色阶"对话框，从中设置色阶的色标位置，如图 8-14 所示，单击"确定"按钮。

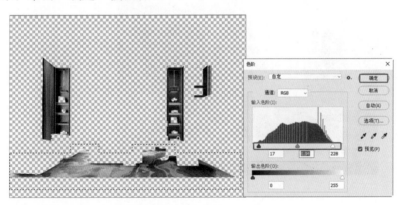

图 8-14　调整地毯的色阶

⑩ 将所有图层显示，查看调整的效果，如图 8-15 所示。

⑪ 选中"图层 1"图层，使用 ✦（魔棒工具）在图像中选择如图 8-16 所示的墙画。

图 8-15　调整地毯和木柜的效果

图 8-16　创建墙画选区

⓬ 创建选区后，选中"背景 拷贝"图层，按 Ctrl+J 组合键，复制选区中的图像到新的图层中。按 Ctrl+L 组合键，打开"色阶"对话框，从中设置色阶的色标位置，如图 8-17 所示，单击"确定"按钮。

图 8-17　调整墙画的色阶

⓭ 选中"图层 1"图层，使用 🖌 （魔棒工具）选择地面石材和隔断区域，如图 8-18 所示。

图 8-18　创建地面石材和隔断区域选区

⓮ 选中"背景 拷贝"图层，按 Ctrl+J 组合键，复制选区到新图层中。按 Ctrl+L 组合键，在弹出的"色阶"对话框中调整图像的色阶，如图 8-19 所示，单击"确定"按钮。

图 8-19　调整地面石材和隔断区域的色阶

⑮ 选中"图层 1"图层，使用 ![魔棒] （魔棒工具）选择客厅石材饰面，如图 8-20 所示。

图 8-20 选中客厅墙面石材

⑯ 创建选区后，选中"背景 拷贝"图层，按 Ctrl+J 组合键，复制选区到新图层中。按 Ctrl+L 组合键，在弹出的"色阶"对话框中调整图像的色阶，如图 8-21 所示，单击"确定"按钮。

图 8-21 调整客厅墙面石材的色阶

⑰ 选中"图层 1"图层，使用 ![魔棒] （魔棒工具）选择窗帘和沙发颜色，如图 8-22 所示。

图 8-22 创建窗帘和沙发选区

⑱ 选中"背景 拷贝"图层，按 Ctrl+J 组合键，将选区中的图像复制到新的图层中。按

Ctrl+L 组合键，打开"色阶"对话框，从中调整色阶，如图 8-23 所示，单击"确定"按钮。

图 8-23 调整窗帘和沙发的色阶

⑲ 选中"图层 1"图层，使用 ✎（魔棒工具）选择客厅的隔断玻璃、木墙面和沙发凳坐垫颜色，如图 8-24 所示。

图 8-24 创建客厅隔断玻璃、木饰面和坐垫选区

⑳ 选中"背景 拷贝"图层，按 Ctrl+J 组合键，将选区中的图像复制到新的图层中。按 Ctrl+L 组合键，打开"色阶"对话框，从中调整色阶，如图 8-25 所示，单击"确定"按钮。

图 8-25 调整客厅隔断玻璃、木饰面和坐垫的色阶

㉑ 选中"图层 1"图层，使用 ✎（魔棒工具）选择台灯灯罩的颜色，如图 8-26 所示。

图 8-26　创建台灯灯罩选区

❷❷ 选择工具箱中的 ⬚（多边形套索工具），按住 Alt 键，减选多选取的选区，只保留如图 8-27 所示的选区。

图 8-27　减选选区

❷❸ 选中"背景 拷贝"图层，按 Ctrl+J 组合键，将选区中的图像复制到新的图层中。按 Ctrl+L 组合键，打开"色阶"对话框，从中调整色阶，如图 8-28 所示，单击"确定"按钮。

图 8-28　调整台灯灯罩的色阶

❷❹ 选中"图层 1"图层，使用 ⬚（魔棒工具）选择装饰画上半部分区域，如图 8-29 所示。

图 8-29　创建装饰画上半部分选区

㉕ 选中"背景 拷贝"图层，按 Ctrl+J 组合键，将选区中的图像复制到新的图层中。按 Ctrl+L 组合键，打开"色阶"对话框，从中调整色阶，如图 8-30 所示，单击"确定"按钮。

图 8-30　调整装饰画上半部分的色阶

㉖ 选中"图层 1"图层，使用 ▨（魔棒工具）选择吊灯灯罩区域，如图 8-31 所示。

图 8-31　创建吊灯灯罩选区

㉗ 选中"背景 拷贝"图层，按 Ctrl+J 组合键，将选区中的图像复制到新的图层中，将

该图层放置到图层面板的顶部，如图 8-32 所示。

图 8-32 调整图层位置

㉘ 确定吊灯灯罩处于选中状态，按 Ctrl+L 组合键，打开"色阶"对话框，从中调整色阶的位置，如图 8-33 所示，单击"确定"按钮。

图 8-33 调整吊灯灯罩的色阶

8.2.3 新中式家装效果图的特殊光效

为场景中添加光效，既可以用工具箱中的 ✏️ （画笔工具） 绘制，也可以直接调用现成的光效文件。

◎ 动手操作——添加特殊光效

接着上一节的操作。

❶ 在菜单栏中选择"文件 > 打开"命令，打开随书附带的"素材 \ 第 8 章 \ 光晕 .psd"文件，如图 8-34 所示。

❷ 使用 ✛ （移动工具） 将"光晕 .psd"拖曳到效果图中，将光晕放置到吊灯的位置，

如图 8-35 所示。

图 8-34　打开的素材文件

图 8-35　将素材放置到吊灯位置

③ 使用 ⊕（移动工具）工具，按住 Alt 键，移动复制光晕到合适的位置，如图 8-36 所示。

④ 按住 Alt 键移动复制光晕到筒灯的位置，按 Ctrl+T 组合键，打开自由变换框，调整图像的大小，如图 8-37 所示。

图 8-36　复制光晕

图 8-37　调整光晕的大小

⑤ 按住 Alt 键移动复制光晕到每一个筒灯，如图 8-38 所示。

⑥ 按 Ctrl+Alt+Shift 组合键，将所有可见图层盖印为一个图层，如图 8-39 所示，并将该图层放置到图层面板的最顶部。

图 8-38　复制光晕到筒灯

图 8-39　盖印图层

⑦ 盖印图层后，按 Ctrl+M 组合键，在弹出的"曲线"对话框中调整曲线的形状，降低图像的亮度，如图 8-40 所示。

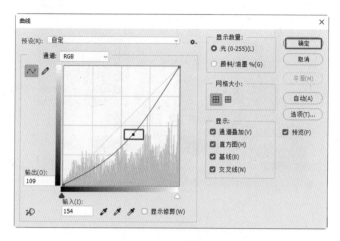

图 8-40　调整图像的曲线

⑧ 设置图层的"不透明度"为 50%，并使用 ![橡皮擦工具] (橡皮擦工具)，设置合适的画笔属性，只保留四角的压暗效果，如图 8-41 所示。

图 8-41　擦除图像

⑨ 选择工具箱中的 ![裁剪工具] (裁剪工具)，将黑色的图像区域裁减掉，如图 8-42 所示。

⑩ 按 Enter 键，确定裁剪，在菜单栏中选择"文件 > 存储为"命令，在弹出的对话框中选择一个存储路径，为文件命名，保存为 .psd 文件格式，带有图层的文件便于后期修改；将图层合并为一个图层，再次存储一个效果文件，文件类型可以选择为 .jpg 或 .png，这种图像便于查看。

图 8-42 裁减后的效果

8.3 小结

　　本章系统地介绍了新中式家装效果图后期处理的方法和技巧，通过本章知识的学习，希望读者能够对家装空间的后期处理有一个大概的认识和了解，并且能够举一反三，轻松进行类似效果图的后期处理。

第9章

北欧卧室效果图的后期处理

本章将学习制作一幅北欧卧室效果图的后期处理，该效果图处理前和处理后的对比如图 9-1 所示。

图 9-1　北欧卧室效果图后期处理的前后对比

9.1 北欧卧室效果图后期处理的要点

在图 9-1 中可以很明显地看出来，直接从 3ds Max 渲染输出的卧室效果图较为灰暗、整体亮度不够、层次不强。因此，接下来用 Photoshop 对渲染图片进行二次加工。

在做北欧卧室效果图后期处理时，用户通常要做的工作包括调整画面的整体亮度、对画面的细节进行亮度和对比度的单独调整，以使整个画面更加富有层次感，营造出卧室的温馨效果。

另外，处理效果图时不要过多地调整图像的亮度，避免曝光的情况出现。

9.2 北欧卧室效果图后期处理的制作流程

本节将运用 Photoshop 软件对卧室效果图进行后期处理。室内的空间较小，其后期处理比较简单，不需要添加太多的配景。

北欧卧室效果图后期处理的制作流程一般由以下几步组成。

(1) 调整渲染图片的整体亮度和对比度。在处理卧室效果图后期之前，首先要调整一下渲染出的效果图的整体亮度、对比度等。

(2) 对场景细部刻画。在这里，细部刻画说的就是场景效果图中局部亮度、对比度和色调的调整。

(3) 为场景制作特殊光效。为场景添加特殊光效不仅可以丰富画面的整体效果，还可以采用画笔或素材对效果图进行修饰。

9.2.1 调整图像整体效果

用户可以看到，在 3ds Max 中渲染出的北欧卧室整体效果太过灰暗，下面将使用 Photoshop 软件对其整体效果进行调整。

动手操作——北欧卧室效果图整体的调整

❶ 在菜单栏中选择"文件 > 打开"命令，打开随书附带的"素材\第 9 章\北欧卧室 .png 和北欧卧室线框图 .png"文件，如图 9-2 所示。

❷ 选择工具箱中的 ✛（移动工具），然后在按住 Shift 键的同时将"北欧卧室线框图 .png"文件拖动到"北欧卧室 .png"文件中，再将"北欧卧室线框图 .png"文件关闭。

❸ 在"图层"面板中将"图层 1"图层进行复制，得到"图层 1 拷贝"图层，调整至通道图层的上方，如图 9-3 所示。

图 9-2 打开的图像文件

图 9-3 复制并调整图层

④ 按 Ctrl+L 组合键,在弹出的"色阶"对话框中调整图像的色阶,如图 9-4 所示,单击"确定"按钮。

图 9-4 调整图像的色阶

9.2.2 北欧卧室效果图的局部处理

调整整体的色阶效果后,接下来将对该效果图的局部进行刻画,使效果图更加具有层次感,并使其得到真实的原始材质效果。

◎ 动手操作——北欧卧室效果图的局部刻画

由图 9-4 可以看出,调整整体的色阶后,整体的层次还是不够突出,且效果图中某些地方的亮度不够,所以下面将针对不够亮和材质缺陷的区域进行单独调整。

① 在"图层"面板中选择通道所在的"图层 2"图层,使用 ⚡ (魔棒工具)选择作为地面的颜色,如图 9-5 所示。

图 9-5　创建地面选区

❷ 创建选区后，在"图层"面板中显示并选中"图层1拷贝"图层，按 Ctrl+J 组合键，复制选区中的图像到新的图层中。按 Ctrl+L 组合键，在弹出的"色阶"对话框中调整色阶的参数，如图 9-6 所示，单击"确定"按钮。

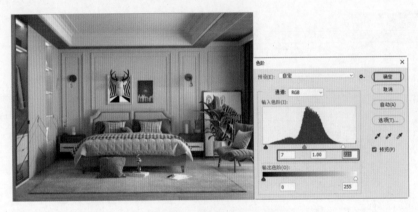

图 9-6　调整地面的色阶

❸ 在"图层"面板中选择通道所在的"图层2"图层，使用 🪄（魔棒工具）选择作为墙面的颜色，如图 9-7 所示。

图 9-7　创建墙面选区

❹ 创建选区后，在"图层"面板中显示并选中"图层1拷贝"图层，按 Ctrl+J 组合键，

复制选区中的图像到新的图层中。按 Ctrl+L 组合键,在弹出的"色阶"对话框中调整色阶的参数,如图 9-8 所示,单击"确定"按钮。

图 9-8　调整墙面的色阶

❺ 在"图层"面板中选择通道所在的"图层 2"图层,使用 ✨(魔棒工具)选择作为衣柜的颜色,如图 9-9 所示。

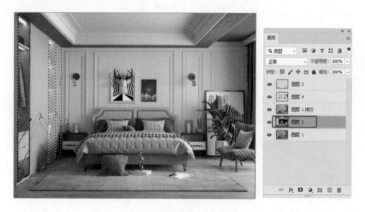

图 9-9　创建衣柜选区

❻ 在"图层"面板中显示并选中"图层 1 拷贝"图层,按 Ctrl+J 组合键,复制选区中的图像到新的图层中。按 Ctrl+L 组合键,在弹出的"色阶"对话框中调整色阶的参数,如图 9-10 所示,单击"确定"按钮。

图 9-10　调整衣柜的色阶

⑦ 在"图层"面板中选择通道所在的"图层 2"图层，使用 ![魔棒] （魔棒工具）选择作为天花板的颜色，如图 9-11 所示。

图 9-11　创建天花板选区

⑧ 在"图层"面板中显示并选中"图层 1 拷贝"图层，按 Ctrl+J 组合键，复制选区中的图像到新的图层中。按 Ctrl+L 组合键，在弹出的"色阶"对话框中调整色阶的参数，如图 9-12 所示，单击"确定"按钮。

图 9-12　调整天花板的色阶

⑨ 选中"图层 2"图层，使用 ![魔棒] （魔棒工具）选择天花板的木纹颜色，如图 9-13 所示。

图 9-13　创建天花板木纹颜色选区

⓾ 创建选区后，选中"图层 1 拷贝"图层，按 Ctrl+J 组合键，复制选区中的图像到新的图层中。按 Ctrl+L 组合键，在弹出的"色阶"对话框中调整色阶，如图 9-14 所示，单击"确定"按钮。

图 9-14　调整木纹天花板的色阶

⓫ 选中"图层 2"图层，使用 ⚲（魔棒工具） 选择如图 9-15 所示的床和地毯。

图 9-15　创建床和地毯的颜色选区

⓬ 创建选区后，选中"图层 1 拷贝"图层，按 Ctrl+J 组合键，复制选区中的图像到新的图层中。按 Ctrl+L 组合键，在弹出的"色阶"对话框中调整色阶，如图 9-16 所示，单击"确定"按钮。

图 9-16　调整床和地毯的色阶

⑬ 在"图层"面板中选择墙体所在的图层，按住 Alt 键单击其图层前面的 👁 按钮，仅显示墙面图层，使用 □ （矩形选框工具）框选带有颜色的墙面区域，如图 9-17 所示。

图 9-17　创建墙面选区

⑭ 创建选区后，按 Ctrl+L 组合键，在弹出的"色阶"对话框中调整色阶参数，如图 9-18 所示，单击"确定"按钮。

图 9-18　调整墙面的色阶

⑮ 将所有图层显示，在"图层"面板中选中"图层 2"图层，在场景中选择画框选区，如图 9-19 所示。

图 9-19　创建画框选区

⑯ 创建选区后，选中"图层 1 拷贝"图层，按 Ctrl+J 组合键，将选区中的图像复制到新

的图层中。按 Ctrl+L 组合键，打开"色阶"对话框，从中调整色阶参数，如图 9-20 所示，单击"确定"按钮。

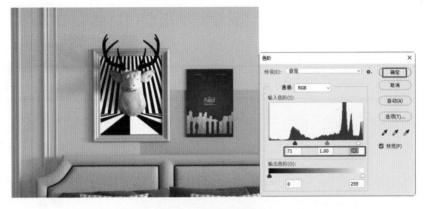

图 9-20　调整画框的色阶

⑰ 选中"图层 2"图层，选择水晶灯颜色，创建选区，如图 9-21 所示。

图 9-21　创建水晶灯选区

⑱ 创建选区后，选中"图层 1 拷贝"图层，按 Ctrl+J 组合键，将选区中的图像复制到新的图层中。按 Ctrl+L 组合键，打开"色阶"对话框，从中调整色阶参数，如图 9-22 所示，单击"确定"按钮。

图 9-22　调整水晶灯的色阶

9.2.3 北欧卧室效果图的特殊光效

为场景添加光效，既可以用工具箱中的 ✐ （画笔工具）绘制，也可以直接调用现成的光效文件。

◎ 动手操作——添加特殊光效 ━ ○ ⚪

接着上一节的操作。

① 在菜单栏中选择"文件 > 打开"命令，打开随书附带的"素材 \ 第 9 章 \ 光晕 .psd"文件，如图 9-23 所示。

② 使用 ✛ （移动工具）将"光晕 .psd"拖曳到效果图中，使其移动到水晶灯的位置。按 Ctrl+T 组合键，打开自由变换框，调整图像的大小后按 Enter 键，调整到合适的位置，如图 9-24 所示。

图 9-23　打开的"光晕"文件　　　　　　　　图 9-24　添加的光晕

③ 选择工具箱中的 ✛ （移动工具），按住 Alt 键移动复制光晕到另一个水晶灯的位置，并再复制一个到衣柜顶部的筒灯处，如图 9-25 所示。

图 9-25　复制多个光晕

④ 按 Ctrl+Shift+Alt+E 组合键，盖印一个图层并将其置于图层的顶部，设置图层的混合模式为"柔光"，使用 ✐ （橡皮擦工具）擦出四角压暗的效果，如图 9-26 所示。

图 9-26　设置四角压暗的效果

⑤ 按Ctrl+Shift+Alt+E组合键,盖印一个图层并将其置于图层的顶部,在菜单栏中选择"滤镜>其他>高反差保留"命令,在弹出的"高反差保留"对话框中设置"半径"为0.2像素,如图 9-27 所示。

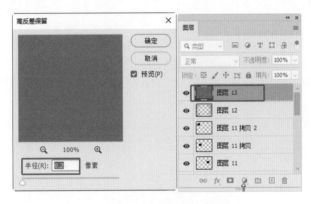

图 9-27　设置高反差保留

⑥ 设置高反差保留图层的混合模式为"线性光",如图 9-28 所示。

图 9-28　设置图层的混合模式

❼ 在菜单栏中选择"文件 > 存储为"命令，将处理后的文件另存为"北欧卧室 .psd"文件，用户可以在随书附带的"源文件 \ 第 9 章"文件夹中找到。

9.3 小结

本章系统地介绍了北欧卧室效果图后期处理的方法和技巧，通过本章知识的学习，希望读者能够对北欧卧室的后期处理有一个大概的认识和了解，并且能够举一反三，轻松进行类似的室内空间效果图制作。

P H O T O S H O P

第 10 章

简欧餐厅效果
图的后期处理

本章将学习制作一幅简欧餐厅效果图的后期处理，该效果图为餐厅效果，处理前和处理后的效果对比如图 10-1 所示。

图 10-1 简欧餐厅效果图的后期处理前后对比

10.1 简欧餐厅效果图后期处理的要点

在图 10-1 中可以很明显地看出来，简欧餐厅整体效果太过灰暗，并且整体的效果图饱和度不高，接下来将使用 Photoshop 对其亮度和饱和度进行调整。

在做简欧餐厅效果图后期处理时，用户通常要做的工作包括调整画面的整体亮度及饱和度、对画面的细节进行亮度和对比度的单独调整，以使整个画面更加富有层次感，营造出简欧餐厅效果。

10.2 简欧餐厅效果图后期处理的制作流程

本节将运用 Photoshop 软件对简欧餐厅效果图进行后期处理。

简欧餐厅效果图后期处理的制作流程一般由以下几步组成。

(1) 调整渲染图片的整体亮度和饱和度。在处理简欧餐厅效果图后期之前，首先要调整一下渲染出的效果图的整体曲线、色相 / 饱和度等。

(2) 对场景细部刻画。在这里，细部刻画说的就是效果图场景中局部亮度、对比度和色调的调整。

(3) 为场景制作特殊光效。为场景添加特殊光效不仅可以丰富画面的整体效果，还可以采用素材对效果图进行修饰。

10.2.1 调整图像整体效果

欧式风格一般都是富丽堂皇、亮度很高的效果，首先我们将渲染输出的图像进行整体的调整。

◎ 动手操作——简欧餐厅效果图整体的调整

❶ 在菜单栏中选择"文件 > 打开"命令，打开随书附带的"素材 \ 第 10 章 \ 简欧餐厅 .tif、简欧餐厅白膜层次 .tif 和简欧餐厅颜色通道 .tif"文件，如图 10-2 所示。

❷ 选择工具箱中的 ✛ (移动工具)，然后在按住 Shift 键的同时将"简欧餐厅颜色通道 .tif"和"简欧餐厅白膜层次 .tif"文件拖动到"简欧餐厅 .tif"文件中，再将"简欧餐厅颜色通道 .tif"和"简欧餐厅白膜层次 .tif"文件关闭。

❸ 在"图层"面板中将颜色通道所在图层命名为"颜色通道"，将白膜层次所在图层命名为"白色阴影"，将"背景"图层进行复制，得到"背景 拷贝"图层，将其调整至所有图层的上方，如图 10-3 所示。

ⓦ 提 示

白膜层次这类图像，是在 3ds Max 中渲染出的为了增加阴影和层次的效果而存在的。

图 10-2　打开的文件

图 10-3　复制并调整图层

④ 选中"背景 拷贝"图层，按 Ctrl+M 组合键，弹出"曲线"对话框，从中调整曲线的形状，如图 10-4 所示。

提　示

如果场景中某个有色物体的颜色影响其周围物体的颜色时，这类效果就叫作溢色，调整溢色的方法是降低"感染"该颜色的饱和度。

调整曲线后，场景中的饱和度还是不高，所以下面将调整图像的饱和度。

⑤ 按 Ctrl+U 组合键，在弹出的"色相/饱和度"对话框中设置"饱和度"为 +17，如图 10-5 所示。

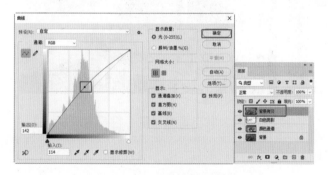

图 10-4　调整图像的曲线

图 10-5　调整图像的饱和度

10.2.2　简欧餐厅效果图的局部处理

整体调整后的效果如图 10-6 所示。接下来将对图像进行分层次调整。

◎ 动手操作——简欧餐厅效果图的局部刻画

① 在"图层"面板中隐藏"背景 拷贝"图层，选择通道所在的"颜色通道"图层，使用 ✨（魔棒工具）选择作为天花板的颜色，如图 10-7 所示。

图 10-6　整体调整后的效果　　　　　　　　　　图 10-7　创建天花板选区

❷ 创建选区后，在"图层"面板中显示并选中"背景 拷贝"图层，按 Ctrl+J 组合键，复制选区中的图像到新的图层中，命名图层为"顶"。在菜单栏中选择"图像 > 调整 > 亮度 / 对比度"命令，在弹出的"亮度 / 对比度"对话框中设置合适的参数，如图 10-8 所示。

❸ 在"图层"面板中按住 Alt 键，单击"颜色通道"图层前面的 👁 图标，仅显示"颜色通道"图层，使用 🖌（魔棒工具）选择作为墙体的颜色，如图 10-9 所示。

图 10-8　调整天花板的亮度 / 对比度　　　　　　图 10-9　创建墙体选区

❹ 创建选区后，在"图层"面板中按住 Alt 键，单击"颜色通道"图层前面的 👁 图标，显示出其他图层，选中"背景 拷贝"图层，按 Ctrl+J 组合键，复制选区中的墙体区域到新的图层中，命名图层为"白枫木"。在菜单栏中选择"图像 > 调整 > 亮度 / 对比度"命令，在弹出的"亮度 / 对比度"对话框中设置合适的参数，如图 10-10 所示。

❺ 在"图层"面板中按住 Alt 键，单击"颜色通道"图层前面的 👁 图标，仅显示"颜色通道"图层，使用 🖌（魔棒工具）选择作为座椅支架的颜色，如图 10-11 所示。

❻ 创建选区后，在"图层"面板中按住 Alt 键，单击"颜色通道"图层前面的 👁 图标，显示出其他图层，选中"背景 拷贝"图层，按 Ctrl+J 组合键，复制选区中的座椅和储物架区域到新的图层中，命名图层为"黑胡桃木"。在菜单栏中选择"图像 > 调整 > 亮度 / 对比度"命令，在弹出的"亮度 / 对比度"对话框中设置合适的参数，如图 10-12 所示。

❼ 在"图层"面板中按住 Alt 键，单击"颜色通道"图层前面的 👁 图标，仅显示"颜色通道"图层，使用 🖌（魔棒工具）选择作为座椅布料的颜色，如图 10-13 所示。

图 10-10　调整墙体的亮度 / 对比度

图 10-11　创建座椅支架选区

图 10-12　调整黑胡桃木的亮度 / 对比度

图 10-13　创建座椅布料选区

⑧ 创建选区后，在"图层"面板中按住 Alt 键，单击"颜色通道"图层前面的 ◉ 图标，显示出其他图层，选中"背景 拷贝"图层，按 Ctrl+J 组合键，复制选区中的座椅布料区域到新的图层中，命名图层为"布艺座椅"。在菜单栏中选择"图像 > 调整 > 亮度 / 对比度"命令，在弹出的"亮度 / 对比度"对话框中设置合适的参数，如图 10-14 所示。

⑨ 在"图层"面板中按住 Alt 键，单击"颜色通道"图层前面的 ◉ 图标，仅显示"颜色通道"图层，使用 ✎（魔棒工具）选择作为冰箱的颜色，如图 10-15 所示。

然后，按住 Alt 键，使用选框工具减选不需要的区域。

⑩ 创建选区后，在"图层"面板中按住 Alt 键，单击"颜色通道"图层前面的 ◉ 图标，显示出其他图层，选中"背景 拷贝"图层，按 Ctrl+J 组合键，复制选区中的冰箱区域到新的图层中，命名图层为"冰箱"。在菜单栏中选择"图像 > 调整 > 亮度 / 对比度"命令，在弹出的"亮度 / 对比度"对话框中设置合适的参数，如图 10-16 所示。

⑪ 在"图层"面板中按住 Alt 键，单击"颜色通道"图层前面的 ◉ 图标，仅显示"颜色通道"图层，使用 ✎（魔棒工具）选择作为影视墙和吊灯的颜色，如图 10-17 所示。

图 10-14　调整布艺座椅的亮度／对比度

图 10-15　创建冰箱选区

图 10-16　调整冰箱的亮度／对比度

图 10-17　创建影视墙和吊灯选区

⑫ 创建选区后，在"图层"面板中按住 Alt 键，单击"通道颜色"图层前面的 ◉ 图标，显示出其他图层，选中"背景 拷贝"图层，按 Ctrl+J 组合键，复制选区中的吊灯和影视墙到新的图层中，命名图层为"吊灯和影视墙"。在菜单栏中选择"图像 > 调整 > 亮度／对比度"命令，在弹出的"亮度／对比度"对话框中设置合适的参数，如图 10-18 所示。

⑬ 在"图层"面板中按住 Alt 键，单击"颜色通道"图层前面的 ◉ 图标，仅显示"颜色通道"图层，使用 ✎ (魔棒工具)选择作为地面上的黑色大理石的颜色，如图 10-19 所示。

图 10-18　调整吊灯和影视墙的亮度／对比度

图 10-19　创建地面黑色大理石选区

按住 Alt 键，减选除地面大理石外的选区。

⑭ 创建选区后，在"图层"面板中按住 Alt 键，单击"通道颜色"图层前面的 ◉ 图标，显示出其他图层，选中"背景 拷贝"图层，按 Ctrl+J 组合键，复制选区中的黑色大理石到新的图层中，命名图层为"黑大理石"。在菜单栏中选择"图像 > 调整 > 亮度 / 对比度"命令，在弹出的"亮度 / 对比度"对话框中设置合适的参数，如图 10-20 所示。

由于室内渲染的尺寸不够大，所以下面将对远处的装饰模型进行简单的处理。

⑮ 选择工具箱中的 🔍（减淡工具），在工具选项栏中设置较小的曝光度，将远处的黑暗区域用该工具处理一下，如图 10-21 所示。

调整局部后，由图 10-21 可以看到，天花板的局部区域出现了曝光，顶部过亮了。下面将调整天花板的效果。

注　意

在调整图像的亮度时，可以使用吸管工具不断地吸取高光区域。观察是否将图像调整到曝光，如果是，可以通过一些自己擅长的手法进行修改。

图 10-20　调整黑色大理石的亮度 / 对比度

图 10-21　简单处理远处的模型

⑯ 在"图层"面板中选中"顶"图层，设置图层的"不透明度"为 70%，如图 10-22 所示。

图 10-22　调整图层的不透明度

将调整的局部图像图层放置到一个"局部调整"图层组中。

10.2.3 简欧餐厅效果图的特殊光效

接下来将为简欧餐厅添加光晕和晕影。

◎ 动手操作——添加特殊光效

接着上一节的操作。

❶ 在菜单栏中选择"文件 > 打开"命令,打开随书附带的"素材 \ 第 10 章 \ 光晕 .psd"文件,如图 10-23 所示。

❷ 使用 ✛ (移动工具)将"光晕 .psd"素材拖曳到效果图中,并依次复制到每个筒灯的位置,调整光晕的大小,如图 10-24 所示。

❸ 在"图层"面板中将"白色阴影"图层调整到图层的顶部,设置图层的混合模式为"正片叠底",设置"填充"为 10%,如图 10-25 所示。

图 10-23　打开的图像文件

图 10-24　添加光晕效果

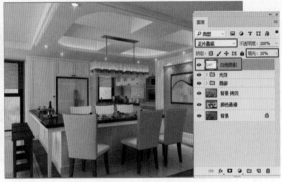

图 10-25　设置白色阴影图层

❹ 按 Ctrl+Alt+Shift+E 组合键,盖印图像到新的图层中。按 Ctrl+M 组合键,在打开的"曲线"对话框中调整曲线,调暗图像,如图 10-26 所示。

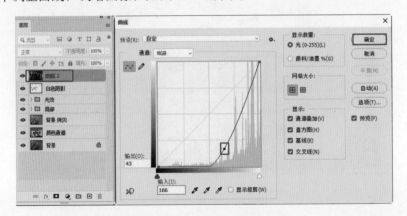

图 10-26　盖印图像并调整曲线

⑤ 选择工具箱中的 ✐.（橡皮擦工具），在工具选项栏中设置合适的参数，擦除中部图像的区域，设置图层的"不透明度"为 64%，如图 10-27 所示。

图 10-27　擦出晕影的效果

⑥ 选择菜单栏中的"文件 > 存储为"命令，将处理后的文件另存为"简欧餐厅的后期处理 .psd"文件，用户可以在随书附带的"源文件 \ 第 10 章"文件夹中找到。

10.3　小结

本章系统地介绍了简欧风格的餐厅效果图后期处理的方法和技巧，通过本章知识的学习，希望读者能够对简欧餐厅的后期处理有一个大概的认识和了解，并且能够举一反三，轻松进行类似的简欧效果图制作。

第*11*章

接待室效果图的后期处理

　　本章将介绍工装效果图——接待室效果图的后期处理。工装和家装效果图在后期处理上基本相同，不同的是工装中会有较复杂的装饰素材的添加以及大量环境的处理，如图 11-1 所示。

图 11-1　接待室效果图的后期处理前后对比

11.1　接待室效果图后期处理的要点

在图 11-1 中可以很明显地看出来，直接从 3ds Max 渲染输出的效果图整体偏灰，且缺少些许的生机。

在工装效果图后期处理时，与家装相同，都是需要调整整体明度，然后分别对每个有缺憾的细节进行调整，以使整个画面具有生机感、层次感，营造出更加温馨的商业气息。

另外，在处理该效果图时需要注意，不要在效果图中存在曝光或接近黑色调的区域。

11.2　接待室效果图后期处理的制作流程

本节将运用 Photoshop 软件对接待室效果图进行后期处理。工装效果图的特点之一就是整体室内空间较大，而且风格也较室内更加丰富一些。

接待室效果图后期处理的制作流程一般由以下几步组成。

（1）调整渲染图片的整体亮度和对比度。在处理接待室效果图后期之前，首先要调整一下渲染出的效果图的整体亮度、对比度等。

（2）对场景细部刻画。在这里，细部刻画说的就是效果图场景中局部亮度、对比度和色调的调整。

（3）为场景添加特殊光效、植物和素材。为场景添加特殊光效和素材可以丰富画面的整体效果，添加植物可以增添效果图的生机。

11.2.1　调整图像整体效果

用户可以看到，在 3ds Max 中渲染出的接待室整体效果太过灰暗，下面将使用 Photoshop 软件对其整体效果进行调整。

◎ 动手操作——接待室效果图整体的调整

❶ 在菜单栏中选择"文件 > 打开"命令，打开随书附带的"素材 \ 第 11 章 \ 接待室 .png 和接待室通道 .png"文件，如图 11-2 所示。

❷ 选择工具箱中的 ✛（移动工具），然后在按住 Shift 键的同时将"接待室通道 .png"文件拖动到"接待室 .png"文件中，再将"接待室通道 .png"文件关闭。

❸ 在"图层"面板中将"图层 1"图层进行复制，得到"图层 1 拷贝"图层，调整至通道图层的上方，如图 11-3 所示。

图 11-2 打开的图像

图 11-3 复制并调整图层

❹ 确定 "图层 1 拷贝" 图层处于选中状态，在菜单栏中选择 "图像 > 调整 > 色阶" 命令，在弹出的 "色阶" 对话框中设置合适的参数，如图 11-4 所示，单击 "确定" 按钮。

图 11-4 调整图像的色阶

❺ 选择工具箱中的 (裁剪工具)，将图像中黑色和空白处的图像裁减掉，按 Enter 键确定裁剪，如图 11-5 所示。

图 11-5 裁剪图像

11.2.2　接待室效果图的局部处理

调整整体的色阶效果后，接下来将对该效果图的局部进行刻画，使效果图更加具有层次感，并使其得到真实的原始材质效果。

◎ 动手操作——接待室效果图的局部刻画　　● ○

① 在"图层"面板中选择通道图层所在的"图层 2"图层，使用 （魔棒工具）选择白色天花板的颜色，如图 11-6 所示。

图 11-6　选择天花板区域

② 可以看到在选择天花板选区时会多选许多选区，选择工具箱中的 ☑（多边形套索工具），按住 Alt 键在场景中减选多选的区域，如图 11-7 所示。

图 11-7　减选选区

③ 在"图层"面板中选中"图层 1 拷贝"图层，按 Ctrl+J 组合键，将选区中的图像复制到新的图层中，在菜单栏中选择"图像 > 调整 > 色阶"命令或按 Ctrl+L 组合键，打开"色阶"对话框，从中设置色阶的参数，如图 11-8 所示，单击"确定"按钮。

图 11-8　调整白色天花板的色阶

　　由于场景中溢色的模型较多，所以天花板被染色了，下面将对其进行处理。

　　④ 按 Ctrl+U 组合键，在弹出的"色相 / 饱和度"对话框中降低饱和度的参数，如图 11-9 所示，单击"确定"按钮。

图 11-9　调整天花板的饱和度

　　⑤ 选中"图层 2"图层，使用 ![魔棒工具图标]（魔棒工具）在天花板上选择玻璃顶灯的颜色，如图 11-10 所示，若有多选的区域需使用 ![多边形套索工具图标]（多边形套索工具），按住 Alt 键减选多选的区域。

图 11-10　选择玻璃顶灯

⑥ 选中"图层 1 拷贝"图层，按 Ctrl+J 组合键，将选区中的图像复制到新的图层中，按 Ctrl+L 组合键，在弹出的"色阶"对话框中设置合适的参数，如图 11-11 所示，单击"确定"按钮。

图 11-11　调整玻璃顶灯的色阶

⑦ 选中"图层 2"图层，使用 🪄（魔棒工具）选择顶灯的木纹支架颜色，如图 11-12 所示。

图 11-12　创建顶灯木纹支架选区

⑧ 选中"图层 1 拷贝"图层，按 Ctrl+J 组合键，将选区中的图像复制到新的图层中，按 Ctrl+L 组合键，打开"色阶"对话框，从中设置色阶的参数，如图 11-13 所示，单击"确定"按钮。

图 11-13　调整顶灯木纹支架的色阶

❾ 选中"图层2"图层，使用 [魔棒工具] （魔棒工具）选择墙面壁布颜色，如图 11-14 所示。

图 11-14　创建墙面壁布选区

❿ 选中"图层1拷贝"图层，按 Ctrl+J 组合键，将选区中的图像复制到新的图层中，按 Ctrl+L 组合键，打开"色阶"对话框，从中设置色阶的参数，如图 11-15 所示，单击"确定"按钮。

图 11-15　调整墙面壁布的色阶

⓫ 选中"图层2"图层，使用 [魔棒工具] （魔棒工具）选择墙面装饰条，创建选区如图 11-16 所示。

图 11-16　创建墙面装饰条选区

⓬ 选中"图层 1 拷贝"图层，按 Ctrl+J 组合键，将选区中的图像复制到新的图层中。按 Ctrl+L 组合键，打开"色阶"对话框，从中设置色阶的参数，如图 11-17 所示，单击"确定"按钮。

图 11-17　调整墙面装饰条的色阶

⓭ 选中"图层 2"图层，使用 ✎（魔棒工具）选择如图 11-18 所示的屏风选区。

图 11-18　创建屏风选区

⓮ 选中"图层 1 拷贝"图层，按 Ctrl+J 组合键，将选区中的图像复制到新的图层中。按 Ctrl+L 组合键，打开"色阶"对话框，从中设置色阶的参数，如图 11-19 所示，单击"确定"按钮。

图 11-19　调整屏风的色阶

⑮ 按 Ctrl+U 组合键，打开"色相/饱和度"对话框，从中降低饱和度参数，如图 11-20 所示，单击"确定"按钮。

图 11-20 降低图像的饱和度

⑯ 选中"图层 2"图层，使用 ✎（魔棒工具）选择如图 11-21 所示的外景区域。

图 11-21 创建外景选区

⑰ 选中"图层 1 拷贝"图层，按 Ctrl+J 组合键，将选区中的图像复制到新的图层中。按 Ctrl+L 组合键，打开"色阶"对话框，从中设置色阶的参数，如图 11-22 所示，单击"确定"按钮。

图 11-22 调整外景的色阶

⓲ 选中"图层 2"图层，使用 🖊 (魔棒工具) 选择如图 11-23 所示的沙发坐垫区域。

图 11-23 创建沙发坐垫选区

⓳ 选中"图层 1 拷贝"图层，按 Ctrl+J 组合键，将选区中的图像复制到新的图层中。按 Ctrl+L 组合键，打开"色阶"对话框，从中设置色阶的参数，如图 11-24 所示，单击"确定"按钮。

图 11-24 调整沙发坐垫的色阶

⓴ 按 Ctrl+U 组合键，在弹出的"色相/饱和度"对话框中降低饱和度的参数，如图 11-25 所示。

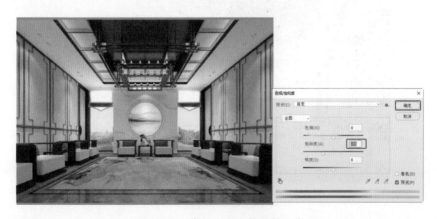

图 11-25 降低沙发坐垫的饱和度

㉑选中"图层2"图层，使用 🪄（魔棒工具）创建如图11-26所示的沙发木纹框架选区。

图 11-26　创建沙发木纹框架选区

㉒选中"图层1拷贝"图层，按 Ctrl+J 组合键，将选区中的图像复制到新的图层中，按 Ctrl+L 组合键，打开"色阶"对话框，从中设置沙发木纹框架的色阶，如图11-27所示，单击"确定"按钮。

图 11-27　设置沙发木纹框架的色阶

㉓选中"图层2"图层，使用 🪄（魔棒工具）创建如图11-28所示的沙发靠背选区。

图 11-28　创建沙发靠背选区

㉔选中"图层1拷贝"图层，按 Ctrl+J 组合键，将选区中的图像复制到新的图层中。按

Ctrl+L 组合键，打开"色阶"对话框，从中设置沙发靠背的色阶，如图 11-29 所示，单击"确定"按钮。

图 11-29　调整沙发靠背的色阶

㉕选中"图层 2"图层，使用 ✐（魔棒工具）创建如图 11-30 所示的灰色石材地面选区。

图 11-30　创建灰色石材地面选区

㉖选中"图层 1 拷贝"图层，按 Ctrl+J 组合键，将选区中的图像复制到新的图层中，按 Ctrl+L 组合键，打开"色阶"对话框，从中设置地面石材的色阶，如图 11-31 所示，单击"确定"按钮。

图 11-31　调整灰色石材地面的色阶

㉗选中"图层2"图层，使用 🪄（魔棒工具）创建如图11-32所示的地毯选区。

图11-32 创建地毯选区

㉘选中"图层1拷贝"图层，按Ctrl+J组合键，将选区中的图像复制到新的图层中。按Ctrl+L组合键，打开"色阶"对话框，从中设置地毯的色阶，如图11-33所示，单击"确定"按钮。

图11-33 调整地毯的色阶

㉙选中"图层2"图层，使用 🪄（魔棒工具）创建如图11-34所示的圆形画选区。

图11-34 创建圆形画选区

㉚ 选中"图层 1 拷贝"图层，按 Ctrl+J 组合键，将选区中的图像复制到新的图层中。按 Ctrl+L 组合键，打开"色阶"对话框，从中设置圆形画的色阶，如图 11-35 所示，单击"确定"按钮。

图 11-35　调整圆形画的色阶

㉛ 选中"图层 2"图层，使用 ✎（魔棒工具）创建如图 11-36 所示的筒灯选区。

图 11-36　创建筒灯选区

㉜ 选中"图层 1 拷贝"图层，按 Ctrl+J 组合键，将选区中的图像复制到新的图层中。按 Ctrl+L 组合键，打开"色阶"对话框，从中设置筒灯的色阶，如图 11-37 所示，单击"确定"按钮。

图 11-37　调整筒灯的色阶

㉝ 调整筒灯的色阶后，按 Ctrl+J 组合键再次复制一个筒灯的图层。在菜单栏中选择"滤镜 > 模糊 > 高斯模糊"命令，在弹出的"高斯模糊"对话框中设置合适的模糊半径，如图 11-38 所示，单击"确定"按钮。

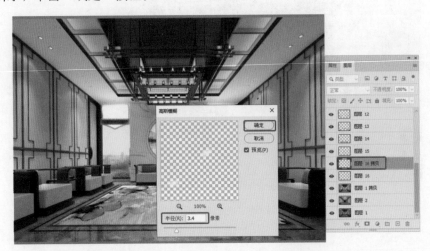

图 11-38　设置筒灯复制图层的模糊效果

11.2.3　为接待室效果图添加光效

调整好接待室效果图的局部后，下面为效果图添加光效。

❶ 在菜单栏中选择"文件 > 打开"命令，打开随书附带的"素材 \ 第 11 章 \ 光晕 .psd"文件，如图 11-39 所示。

❷ 使用 ✛.（移动工具）将"光晕 .psd"素材拖曳到效果图中，并依次复制到每个筒灯和吊灯灯泡的位置，调整光晕的大小，如图 11-40 所示。

图 11-39　打开的光晕文件

图 11-40　添加光晕

❸ 按 Ctrl+Alt+Shift+E 组合键，盖印图像到新的图层中，设置图层的混合模式为"柔光"，并设置"不透明度"为 40%，如图 11-41 所示。

图 11-41　盖印图层并调整图层的混合模式

❹ 按 Ctrl+J 组合键，复制盖印的图层到新的图层后，设置其图层混合模式为"线性光"。在菜单栏中选择"滤镜 > 其它 > 高反差保留"命令，在弹出的"高反差保留"对话框中设置合适的参数，如图 11-42 所示，单击"确定"按钮。该操作等于将效果图锐化。

图 11-42　复制并调整图层

11.3　小结

本章系统地介绍了一个接待室效果图后期处理的方法和技巧。通过对本章的学习，希望读者对工装效果图的后期处理有一个初步了解和认识，并且能够轻松地制作出更多类似的商业效果。

第 *12* 章

会议室效果图
的后期处理

　　本章介绍会议室效果图的后期处理。
会议室是指供开会的房间，所以处理手法
一定要简洁大方、突出简约和庄重的效果，
如图 12-1 所示。

图 12-1　会议室效果图的后期处理前后对比

12.1　会议室效果图后期处理的要点

在图 12-1 中可以很明显地看出来，直接从 3ds Max 渲染输出的会议室效果图整体偏暗，没有层次感，且整体缺少真实的环境氛围。

在制作此类工装效果图时，应该注意的是调整的效果要与当前环境相符，例如本章中介绍的会议室，从整体来说，效果图偏向肃穆和简洁的环境氛围，所以在后期处理中不需要过分添加一些装饰素材来表现"生机"和"真实"，只需添加一些简单的、常用的装饰素材即可。

12.2　会议室效果图后期处理的制作流程

本节将运用 Photoshop 软件对会议室效果图进行后期处理。

会议室效果图后期处理的流程一般由以下几步组成。

(1) 调整会议室效果图整体的明暗层次。在对会议室效果图进行后期处理之前，首先要调整会议室效果图的整体层次，这样可以减少局部刻画的操作时长和步数。

(2) 对会议室效果图中细节的刻画。对局部细节的刻画主要是针对主体效果外，对需要进一步调整的局部图像加以修饰和调整。

(3) 为场景添加光效和装饰素材。在这里添加光效和适当的装饰素材，可以表现效果图的真实感。

12.2.1　调整图像整体效果

在图 12-1 中可以看到 3ds Max 渲染出的会议室效果太灰暗，下面将使用 Photoshop 软件对其整体进行调整。

◎ 动手操作——会议室效果图整体的调整

① 在菜单栏中选择"文件＞打开"命令，打开随书附带的"素材\第 12 章\会议室 .tif 和会议室颜色通道 .tif"文件，如图 12-2 所示。

② 选择工具箱中的 ✛ (移动工具)，然后在按住 Shift 键的同时将"会议室颜色通道 .tif"文件拖动到"会议室 .tif"文件中，再将"会议室颜色通道 .tif"文件关闭。

③ 在"图层"面板中将"背景"图层进行复制，得到"背景 拷贝"图层，将其调整至通道图层的上方，如图 12-3 所示。

④ 确定"背景 拷贝"图层处于选中状态，在菜单栏中选择"图像＞调整＞曲线"命令，在弹出的"曲线"对话框中设置曲线的形状，如图 12-4 所示。

调整曲线后的图像效果如图 12-5 所示。

注　意

由于该效果图的整体材质是较亮色调的，所以在整体调整时要避免曝光现象。

图 12-2　打开的图像文件　　　　　　　　图 12-3　复制并调整图层

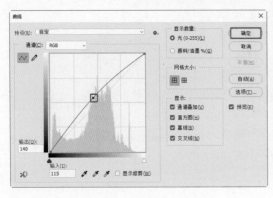

图 12-4　调整曲线的形状　　　　　　　　图 12-5　调整曲线后的效果

12.2.2　会议室效果图的局部处理

调整整体的效果后，接下来将对该效果图的局部进行刻画，并为效果图添加一些装饰素材，如窗外景、投影图像、投影光晕以及植物等，丰富图像内容。

◎ 动手操作——会议室效果图的局部刻画

❶ 在"图层"面板中隐藏"背景 拷贝"图层，选择通道所在的"图层 1"图层，使用 ✨ (魔棒工具) 选择作为木纹结构的颜色，如图 12-6 所示。

❷ 创建选区后，在"图层"面板中显示并选中"背景 拷贝"图层，按 Ctrl+J 组合键，复制选区中的图像到新的图层中，命名图层为"木装饰"。在菜单栏中选择"图像 > 调整 > 亮度 / 对比度"命令，在弹出的"亮度 / 对比度"对话框中调整木装饰的亮度 / 对比度参数，如图 12-7 所示。

❸ 在"图层"面板中按住 Alt 键，单击"图层 1"图层前面的 ◉ 图标，仅显示"图层 1"图层，使用 ✨ (魔棒工具) 选择作为椅子皮革的颜色，如图 12-8 所示。

❹ 创建选区后，在"图层"面板中按住 Alt 键单击"图层 1"图层前面的 ◉ 图标，显示出其他图层，选中"背景 拷贝"图层，按 Ctrl+J 组合键，复制选区中的椅子皮革到新的图层中，

命名图层为"黑皮革"。在菜单栏中选择"图像＞调整＞亮度／对比度"命令，弹出"亮度／对比度"对话框，调整亮度参数，如图 12-9 所示。

图 12-6　创建木纹选区

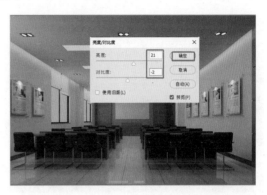

图 12-7　调整木纹的亮度／对比度

图 12-8　创建椅子皮革选区

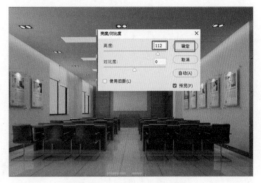

图 12-9　调整皮革的亮度

⑤ 打开随书附带的"素材＼第 12 章＼窗外景 .jpg"文件，如图 12-10 所示。

⑥ 将素材拖曳到效果图中，按 Ctrl+T 组合键，打开自由变换框，接着按住 Ctrl 键，单击变换框的控制点，调整图像，如图 12-11 所示。

图 12-10　打开的窗外景图像

图 12-11　拖曳素材到效果图中并调整

⑦ 在"图层"面板中按住 Alt 键，单击"图层 1"图层前面的 ◉ 图标，仅显示"图层 1"图层，使用 ✦（魔棒工具）选择作为窗户玻璃的颜色，如图 12-12 所示。

⑧ 创建选区后，在"图层"面板中按住 Alt 键单击"图层 1"图层前面的 ◉ 图标，显示

出其他图层。选中窗外景图像所在的图层,单击"图层"面板底部的 ■(添加矢量蒙版)按钮,为图像添加蒙版,并设置图层的"不透明度"为 70%,如图 12-13 所示。

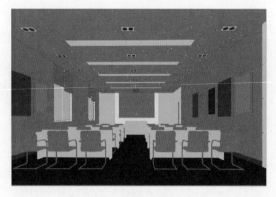
图 12-12　创建窗户玻璃选区

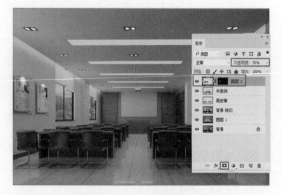
图 12-13　添加窗外景蒙版

⑨ 打开随书附带的"素材\第 12 章\设备 .png"文件,如图 12-14 所示。

⑩ 将素材拖曳到效果图中,使用"自由变换"命令调整图像,如图 12-15 所示。

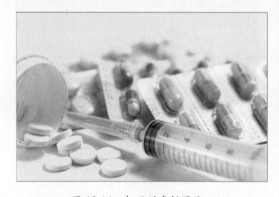
图 12-14　打开的素材图像

图 12-15　添加并调整图像

⑪ 设置设备图像所在图层的"不透明度"为 85%,如图 12-16 所示。

⑫ 使用 ▷(多边形套索工具)在场景中创建投影仪照射的选区,如图 12-17 所示。

图 12-16　设置图层的不透明度

图 12-17　创建投影仪照射的选区

⑬ 选择工具箱中的 ■ (渐变工具)，设置渐变为白色到透明的渐变，在选区中由上到下创建渐变填充，如图 12-18 所示。填充渐变后，取消选区的选择。

⑭ 在菜单栏中选择"滤镜 > 模糊 > 高斯模糊"命令，在弹出的"高斯模糊"对话框中设置"半径"为 1.5 像素，单击"确定"按钮，设置图层的"不透明度"为 30%，如图 12-19 所示。

图 12-18　为选区填充渐变

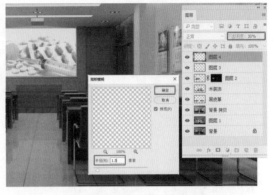

图 12-19　设置图像的模糊

⑮ 在"图层"面板中按住 Alt 键，单击"图层 1"图层前面的 ◉ 图标，仅显示"图层 1"图层，使用 ✎ (魔棒工具)选择作为影视墙的颜色区域，如图 12-20 所示。

⑯ 创建选区后，在"图层"面板中按住 Alt 键，单击"图层 1"图层前面的 ◉ 图标，显示出其他图层，选中"背景 拷贝"图层，按 Ctrl+J 组合键，复制选区中的影视墙区域到新的图层中，命名图层为"影视墙"。在菜单栏中选择"图像 > 调整 > 亮度 / 对比度"命令，弹出"亮度 / 对比度"对话框，调整合适的参数，如图 12-21 所示。

图 12-20　创建影视墙选区

图 12-21　调整影视墙的亮度 / 对比度

⑰ 打开随书附带的"素材 \ 第 12 章 \ 会议室植物 .psd"文件，如图 12-22 所示。

⑱ 将植物素材拖曳到效果图中，按 Ctrl+T 组合键，打开自由变换框，调整素材的大小和位置，如图 12-23 所示。

⑲ 确定植物图层处于选中状态，使用 ✎ (多边形套索工具)在植物遮挡住的桌椅区域创建选区，并按 Delete 键，删除选区中的植物素材，如图 12-24 所示。

⑳ 此时，我们可以看到添加的植物有许多杂边，这时就需要使用"去边"命令去除。在菜单栏中选择"图层 > 修边 > 去边"命令，在弹出的对话框中设置"宽度"为 1 像素，单击

"确定"按钮，得到如图 12-25 所示的效果。

图 12-22 打开的植物素材

图 12-23 添加并调整植物素材

图 12-24 删除选区中的植物

图 12-25 植物去边后的效果

注 意

这里需要注意的是，"去边"命令只能对一个图像执行一次命令，执行多次是没有效果的。

㉑ 按 Ctrl+L 组合键，在弹出的"色阶"对话框中调整色阶，增强对比度，如图 12-26 所示。

㉒ 按 Ctrl+J 组合键，将植物区域复制到新的图层中，调整副本图层到植物图层的下方，按 Ctrl+T 组合键，打开自由变换框，按住 Ctrl 键，调整图像，如图 12-27 所示。

调整作为影子的图像，直到满意为止。

㉓ 按 Ctrl+U 组合键，弹出"色相/饱和度"对话框，设置"明度"为 -100，图像为黑色，单击"确定"按钮，如图 12-28 所示。

㉔ 在菜单栏中选择"滤镜>模糊>高斯模糊"命令，在弹出的"高斯模糊"对话框中设置"半径"为 1.5 像素，设置图层的"不透明度"为 30%，如图 12-29 所示。

设置植物影子后的效果如图 12-30 所示。

㉕ 继续添加"会议室植物 .psd"图像作为会议室的近景，设置植物的去边效果，调整至合适的效果，如图 12-31 所示。

图 12-26 调整"色阶"参数

图 12-27 调整图像的变形

图 12-28 调整图像的明度

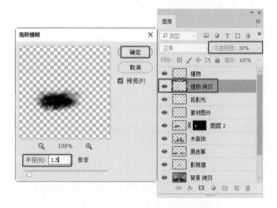

图 12-29 设置影子的不透明度

图 12-30 设置影子后的效果

图 12-31 添加植物近景的效果

12.2.3 调整会议室效果图的整体光效

调整局部效果和素材后，下面将设置图像的整体喷光、光效和晕影。

◎ **动手操作——设置会议室效果图的喷光、光效和晕影** ● ○

❶ 在"图层"面板中新建一个图层，并将新建的图层置顶。双击该图层，在弹出的"图层样式"对话框中取消选中"透明形状图层"复选框，单击"确定"按钮，如图 12-32 所示。

❷ 在工具箱中单击前景色图标，弹出"拾色器（前景色）"对话框，设置 R、G、B 参数分别为 255、251、232，单击"确定"按钮，如图 12-33 所示。

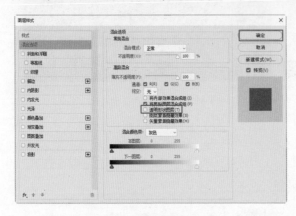

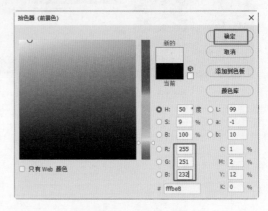

图 12-32 "图层样式"对话框 图 12-33 设置前景色

❸ 选择工具箱中的 🖌 （画笔工具），在工具选项栏中设置画笔的"不透明度"为 10%，如图 12-34 所示。

图 12-34 设置画笔的不透明度

❹ 在效果图高光的地方绘制喷光效果，得到如图 12-35 所示的效果。

❺ 按 Ctrl+Shift+Alt+E 组合键，盖印可见图层到新的图层中，调整图层的位置到"图层"面板的最顶部，设置图层的混合模式为"正片叠底"，如图 12-36 所示。

图 12-35 设置出的喷光效果 图 12-36 设置图层的混合模式

❻ 使用 🧽 （橡皮擦工具）擦除盖印的图像，制作出晕影的效果，如图 12-37 所示。

❼ 打开"光晕"素材，添加光晕到筒灯的位置，制作出筒灯的光效，如图 12-38 所示。

图 12-37　制作出晕影效果

图 12-38　制作出筒灯光晕效果

最后，将制作完成的后期效果图进行保存即可。

12.3　小结

本章介绍了会议室效果图的后期处理方法和技巧。通过对本章的学习，读者可以掌握类似于会议室效果图的修改图像和素材处理的方法。

第 **13** 章

酒店大堂效果图
的后期处理

本章主要介绍酒店大堂效果图的后期处理，处理前后的效果对比如图 13-1 所示。

图 13-1 酒店大堂效果图的后期处理前后对比

13.1 酒店大堂效果图后期处理的要点

酒店大堂一般是醒目且宽敞，便于客人辨认，又便于人员和行李的进出，亦即迎送客人之处。所以酒店大堂的效果需要制作得符合整体的效果。在图 13-1 中可以看出，大堂的整体布局还算可以，但是在 3ds Max 中渲染出的效果图整体较为灰暗，没有层次，这就需要使用 Photoshop 进行后期处理，使其具有丰富的画面质感。

13.2 酒店大堂效果图后期处理的制作流程

酒店大堂效果图后期处理的制作流程一般由以下几步组成。

(1) 调整渲染图片的整体亮度和对比度。在大堂后期处理之前，首先要调整一下渲染出的效果图的整体亮度、对比度等。

(2) 对场景细部刻画。在这里，细部刻画说的就是效果图场景中局部亮度、对比度和色调的调整。

(3) 为场景添加特殊光效和植物素材。为场景添加特殊光效和素材可以丰富画面的整体效果，添加植物可以增添效果图的生机。

13.2.1 调整图像整体效果

在图 13-1 中可以看到，3ds Max 中渲染出的大堂整体效果太灰暗，下面将对效果图进行整体调整。

◎ 动手操作——酒店大堂效果图整体的调整

❶ 在菜单栏中选择"文件 > 打开"命令，打开随书附带的"素材 \ 第 13 章 \ 大堂通道 .tif 和大堂 .tif"文件，如图 13-2 所示。

❷ 选择工具箱中的 ✛.（移动工具），然后在按住 Shift 键的同时将"大堂通道 .tif"文件拖动到"大堂 .tif"文件中，再将"大堂通道 .tif"文件关闭。

❸ 在"图层"面板中将"背景"图层进行复制，得到两个复制图层，将其调整至通道图层的上方，选中"背景 拷贝 2"图层，设置图层的混合模式为"滤色"，设置图层的"不透明度"为 30%，如图 13-3 所示。

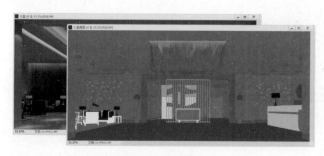

图 13-2 打开的文件

图 13-3 复制并调整图层

设置图层混合模式后的效果如图 13-4 所示，可以看到图像变亮了许多。

❹ 按住 Ctrl 键，选中"背景 拷贝"和"背景 拷贝 2"图层，按 Ctrl+E 组合键，将选择的图层合并为"背景 拷贝 2"图层，如图 13-5 所示。

提 示

Ctrl+E 组合键是向下合并图层的快捷键，所以在合并两个图层时，可以选择上方的一个图层，按 Ctrl+E 组合键，向下与另一个图层进行合并；较多的图层可以配合使用 Ctrl 键，将需要合并的图层选中，然后按 Ctrl+E 组合键即可合并为一个图层。

图 13-4　调整图层后的效果

图 13-5　合并图层

13.2.2　大堂效果图的局部处理

稍微调整图像的整体亮度后，下面将对大堂效果图的局部进行调整。

◎ 动手操作——大堂效果图的局部刻画

❶ 在"图层"面板中隐藏"背景 拷贝 2"图层，选中通道所在的"图层 1"图层，使用 （魔棒工具）选择作为天花板的颜色，如图 13-6 所示。

❷ 创建选区后，在"图层"面板中显示并选中"背景 拷贝 2"图层，按 Ctrl+J 组合键，复制选区中的图像到新的图层中，命名图层为"顶"。按 Ctrl+L 组合键，在弹出的"色阶"对话框中调亮天花板，如图 13-7 所示。

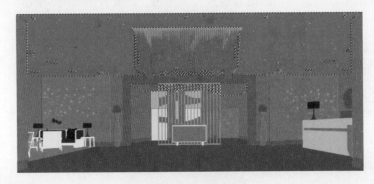
图 13-6　创建天花板选区

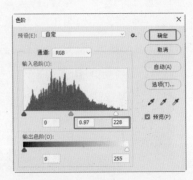
图 13-7　调整天花板的色阶

提亮天花板的效果如图 13-8 所示。

图 13-8　提亮天花板的效果

❸ 在"图层"面板中按住 Alt 键，单击"图层 1"图层前面的 ◉ 图标，仅显示"图层 1"
图层，使用 🖌（魔棒工具）选择作为地面的颜色，如图 13-9 所示。

图 13-9　创建地面选区

❹ 创建选区后，在"图层"面板中按住 Alt 键，单击"图层 1"图层前面的 ◉ 图标，显
示出其他图层，选中"背景 拷贝 2"图层，按 Ctrl+J 组合键，复制选区中的地面到新的图层中，
命名图层为"地面"。按 Ctrl+L 组合键，打开"色阶"对话框，提亮并增加对比，如图 13-10
所示。

调整地面后的效果如图 13-11 所示。

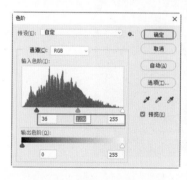

图 13-10　调整地面的色阶

图 13-11　设置地面后的效果

❺ 确定地面图像图层处于选中状态，按 Ctrl+U 组合键，在弹出的"色相 / 饱和度"对
话框中降低图像的饱和度，如图 13-12 所示。

降低饱和度后的效果如图 13-13 所示。

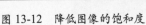

图 13-12 降低图像的饱和度

图 13-13 降低饱和度后的效果

⑥ 在"图层"面板中按住 Alt 键，单击"图层 1"图层前面的 ◉ 图标，仅显示"图层 1"图层，使用 ✎（魔棒工具）选择作为左右两侧的墙体装饰的颜色区域，如图 13-14 所示。

⑦ 创建选区后，在"图层"面板中按住 Alt 键，单击"图层 1"图层前面的 ◉ 图标，显示出其他图层，选中"背景 拷贝 2"图层，按 Ctrl+J 组合键，复制选区中的墙体到新的图层中，命名图层为"装饰墙"。按 Ctrl+L 组合键，弹出"色阶"对话框，提亮并增加对比，如图 13-15 所示。

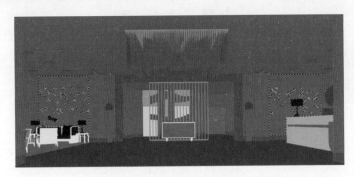

图 13-14 创建装饰墙选区

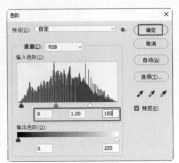

图 13-15 调整"色阶"参数

调整装饰墙后的效果如图 13-16 所示。

图 13-16 调整装饰墙后的效果

⑧ 在"图层"面板中按住 Alt 键，单击"图层 1"图层前面的 ◉ 图标，仅显示"图层 1"图层，使用 ✎（魔棒工具）选择作为立柱的颜色区域，如图 13-17 所示。

⑨ 创建选区后，在"图层"面板中按住 Alt 键，单击"图层 1"图层前面的 👁 图标，显示出其他图层，选中"背景 拷贝 2"图层，按 Ctrl+J 组合键，复制选区中的立柱到新的图层中，命名图层为"柱子"。按 Ctrl+L 组合键，弹出"色阶"对话框，提亮并增加对比，如图 13-18 所示。

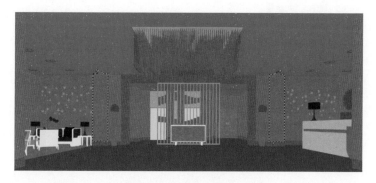

图 13-17　创建立柱选区

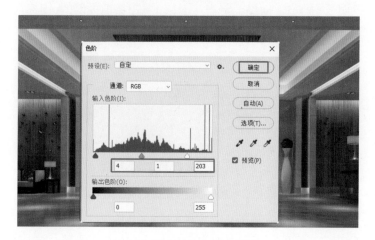

图 13-18　调整立柱的色阶

⑩ 在"图层"面板中按住 Alt 键，单击"图层 1"图层前面的 👁 图标，仅显示"图层 1"图层，使用 🖌 (魔棒工具)选择左侧的沙发布艺区域，如图 13-19 所示。

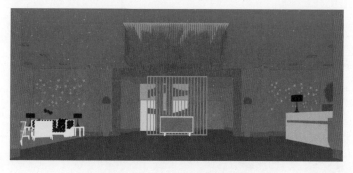

图 13-19　创建沙发布艺选区

⑪ 创建选区后，在"图层"面板中按住 Alt 键，单击"图层 1"图层前面的 👁 图标，显示出其他图层，选中"背景 拷贝 2"图层，按 Ctrl+J 组合键，复制选区中的沙发布艺到新的图层中，

命名图层为"沙发布艺"。按 Ctrl+L 组合键，弹出"色阶"对话框，提亮并增加对比度，如图 13-20 所示。

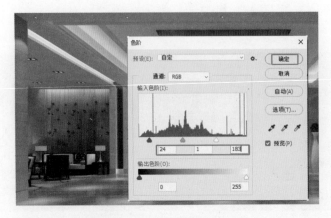

图 13-20　调整沙发布艺的色阶

⑫ 在"图层"面板中按住 Alt 键，单击"图层 1"图层前面的 👁 图标，仅显示"图层 1"图层，使用 🪄 (魔棒工具) 选择黑胡桃木区域，如图 13-21 所示。

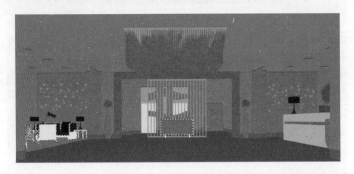

图 13-21　创建黑胡桃木选区

⑬ 创建选区后，在"图层"面板中按住 Alt 键，单击"图层 1"图层前面的 👁 图标，显示出其他图层，选中"背景 拷贝 2"图层，按 Ctrl+J 组合键，复制选区中的黑胡桃木到新的图层中，命名图层为"木支架"。按 Ctrl+L 组合键，弹出"色阶"对话框，提亮并增加对比度，如图 13-22 所示。

图 13-22　调整黑胡桃木的色阶

⑭ 在"图层"面板中按住 Alt 键，单击"图层 1"图层前面的 ◉ 图标，仅显示"图层 1"图层，使用 ⚟（魔棒工具）选择蝴蝶兰花区域，如图 13-23 所示。

⑮ 创建选区后，在"图层"面板中按住 Alt 键，单击"图层 1"图层前面的 ◉ 图标，显示出其他图层，选中"背景 拷贝 2"图层，按 Ctrl+J 组合键，复制选区中的蝴蝶兰花到新的图层中，命名图层为"蝴蝶兰"。按 Ctrl+L 组合键，弹出"色阶"对话框，提亮并增加对比，如图 13-24 所示。

图 13-23　创建蝴蝶兰花选区

图 13-24　调整蝴蝶兰花的色阶

⑯ 在"图层"面板中按住 Alt 键，单击"图层 1"图层前面的 ◉ 图标，仅显示"图层 1"图层，使用 ⚟（魔棒工具）选择植物区域，如图 13-25 所示。

⑰ 创建选区后，在"图层"面板中按住 Alt 键，单击"图层 1"图层前面的 ◉ 图标，显示出其他图层，选中"背景 拷贝 2"图层，按 Ctrl+J 组合键，复制选区中的植物到新的图层中，命名图层为"植物"。按 Ctrl+L 组合键，弹出"色阶"对话框，提亮并增加对比，如图 13-26 所示。

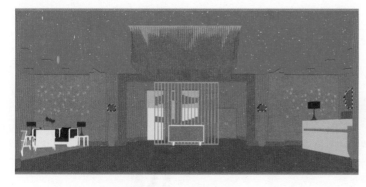

图 13-25　创建植物选区

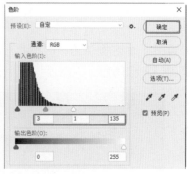

图 13-26　调整植物的色阶

调整植物区域后的效果如图 13-27 所示。

⑱ 在"图层"面板中按住 Alt 键，单击"图层 1"图层前面的 ◉ 图标，仅显示"图层 1"图层，使用 ⚟（魔棒工具）选择作为影视墙屏风的颜色区域，如图 13-28 所示。

⑲ 创建选区后，在"图层"面板中按住 Alt 键，单击"图层 1"图层前面的 ◉ 图标，显示出其他图层，选中"背景 拷贝 2"图层，按 Ctrl+J 组合键，复制选区中的影视墙屏风区域到新的图层中，命名图层为"正面影视墙"。按 Ctrl+L 组合键，弹出"色阶"对话框，设置合适的参数，如图 13-29 所示。

得到的正面影视墙效果如图 13-30 所示。

图 13-27 调整植物的效果

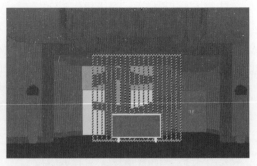

图 13-28 创建影视墙屏风选区

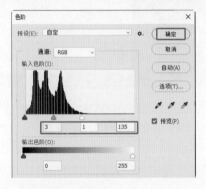

图 13-29 调整影视墙屏风的色阶

图 13-30 调整影视墙屏风后的效果

⑳ 在"图层"面板中按住 Alt 键，单击"图层 1"图层前面的 ◉ 图标，仅显示"图层 1"图层，使用 ✦（魔棒工具）选择正面低柜的柜面区域，如图 13-31 所示。

㉑ 创建选区后，在"图层"面板中按住 Alt 键，单击"图层 1"图层前面的 ◉ 图标，显示出其他图层，选中"背景 拷贝 2"图层，按 Ctrl+J 组合键，复制选区中的柜面区域到新的图层中，命名图层为"橱柜面"。按 Ctrl+L 组合键，弹出"色阶"对话框，设置合适的参数，如图 13-32 所示。

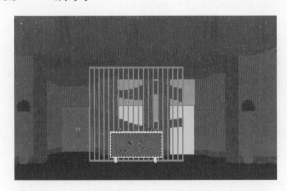

图 13-31 创建柜面选区

图 13-32 调整柜面的色阶

调整橱柜面后得到如图 13-33 所示的效果。

㉒ 在"图层"面板中按住 Alt 键，单击"图层 1"图层前的 ◉ 图标，仅显示"图层 1"

图层，使用 魔棒工具 选择右侧的接待台区域，如图 13-34 所示。

图 13-33　调整出的橱柜面效果

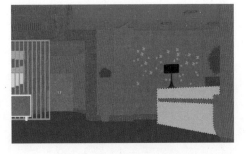
图 13-34　创建接待台选区

㉓ 创建选区后，在"图层"面板中按住 Alt 键，单击"图层 1"图层前面的 ◉ 图标，显示出其他图层，选中"背景 拷贝 2"图层，按 Ctrl+J 组合键，复制选区中的接待台区域到新的图层中，命名图层为"大理石前台"。按 Ctrl+L 组合键，弹出"色阶"对话框，设置合适的参数，如图 13-35 所示。

调整出的前台效果如图 13-36 所示。

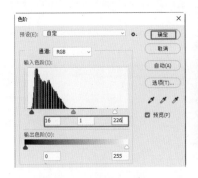
图 13-35　调整接待台的色阶

图 13-36　调整出的前台效果

㉔ 在"图层"面板中按住 Alt 键，单击"图层 1"图层前面的 ◉ 图标，仅显示"图层 1"图层，使用 魔棒工具 选择作为花瓶的颜色区域，如图 13-37 所示。

㉕ 创建选区后，在"图层"面板中按住 Alt 键，单击"图层 1" 图层前面的 ◉ 图标，显示出其他图层，选中"背景 拷贝 2"图层，按 Ctrl+J 组合键，复制选区中的花瓶区域到新的图层中，命名图层为"陶瓷"。按 Ctrl+L 组合键，弹出"色阶"对话框，设置合适的参数，如图 13-38 所示。

图 13-37　创建花瓶选区

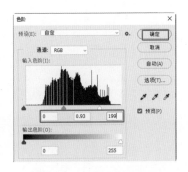
图 13-38　调整花瓶的色阶

调整花瓶后的效果如图 13-39 所示。

㉖ 在"图层"面板中按住 Alt 键，单击"图层 1"图层前面的 ◉ 图标，仅显示"图层 1"图层，使用 ✨ (魔棒工具)选择作为笔记本电脑的颜色区域，如图 13-40 所示。

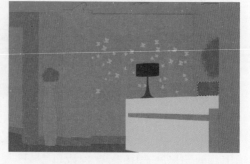

图 13-39　调整花瓶后的效果　　　　　　图 13-40　创建笔记本电脑选区

㉗ 创建选区后，在"图层"面板中按住 Alt 键，单击"图层 1"图层前面的 ◉ 图标，显示出其他图层，选中"背景 拷贝 2"图层，按 Ctrl+J 组合键，复制选区中的笔记本电脑区域到新的图层中，命名图层为"电脑"，按 Ctrl+L 组合键，弹出"色阶"对话框，设置合适的参数，如图 13-41 所示。

调整笔记本电脑后的效果如图 13-42 所示。

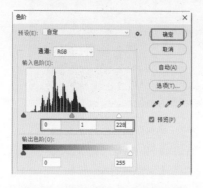

图 13-41　调整笔记本电脑的色阶　　　　图 13-42　调整笔记本电脑后的效果

㉘ 在"图层"面板中按住 Alt 键，单击"图层 1"图层前面的 ◉ 图标，仅显示"图层 1"图层，使用 ✨ (魔棒工具)选择作为台灯灯罩的颜色区域，如图 13-43 所示。

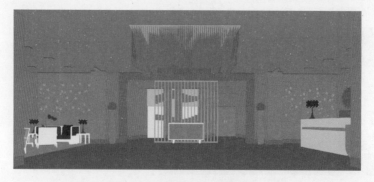

图 13-43　创建台灯灯罩选区

㉙ 创建选区后，在"图层"面板中按住 Alt 键，单击"图层 1" 图层前的 ◉ 图标，显示出其他图层，选中"背景 拷贝 2"图层，按 Ctrl+J 组合键，复制选区中的灯罩区域到新的图层中，命名图层为"灯罩"。按 Ctrl+L 组合键，弹出"色阶"对话框，设置合适的参数，如图 13-44 所示。

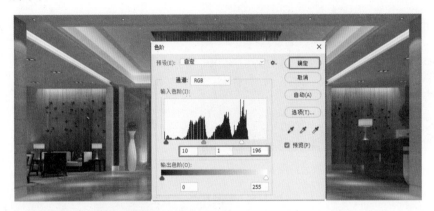

图 13-44　调整灯罩的色阶

㉚ 按 Ctrl+U 组合键，在弹出的"色相 / 饱和度"对话框中降低饱和度，如图 13-45 所示。

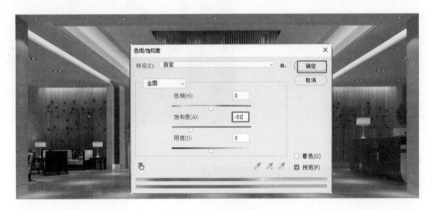

图 13-45　降低饱和度

㉛ 在"图层"面板中按住 Alt 键，单击"图层 1"图层前面的 ◉ 图标，仅显示"图层 1"图层，使用 ⚡ (魔棒工具) 选择作为顶部水晶灯的颜色区域，如图 13-46 所示。

㉜ 创建选区后，在"图层"面板中按住 Alt 键，单击"图层 1"图层前面的 ◉ 图标，显示出其他图层，选中"背景 拷贝 2"图层，按 Ctrl+J 组合键，复制选区中的水晶灯区域到新的图层中，命名图层为"水晶灯"。按 Ctrl+L 组合键，弹出"色阶"对话框，设置合适的参数，如图 13-47 所示。

㉝ 按 Ctrl+U 组合键，在弹出的"色相 / 饱和度"对话框中降低饱和度，如图 13-48 所示。调整后的水晶灯效果如图 13-49 所示。

㉞ 在"图层"面板中按住 Alt 键，单击"图层 1"图层前面的 ◉ 图标，仅显示"图层 1"图层，使用 ⚡ (魔棒工具) 选择作为正面屏风装饰的颜色区域，如图 13-50 所示。

㉟ 创建选区后，在"图层"面板中按住 Alt 键，单击"图层 1"图层前面的 ◉ 图标，显示出其他图层，选中"背景 拷贝 2"图层，按 Ctrl+J 组合键，复制选区中的屏风装饰区域到

新的图层中，命名图层为"正面影视墙装饰"。按 Ctrl+U 组合键，弹出"色相／饱和度"对话框，设置合适的参数，如图 13-51 所示。

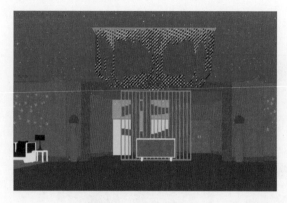
图 13-46　创建水晶灯选区

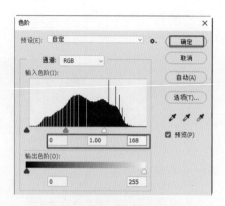
图 13-47　调整水晶灯的色阶

图 13-48　调整水晶灯的饱和度

图 13-49　调整后的水晶灯效果

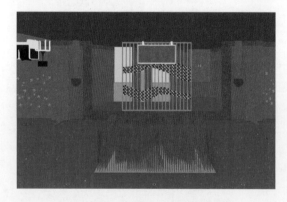
图 13-50　创建正面屏风装饰选区

图 13-51　调整图像的色相／饱和度

调整之后的正面屏风装饰效果如图 13-52 所示。

㊱ 在"图层"面板中按住 Alt 键，单击"图层 1"图层前面的 👁 图标，仅显示"图层 1"图层，使用 🪄（魔棒工具）选择作为蝴蝶兰植物的颜色区域，如图 13-53 所示。

㊲ 创建选区后，在"图层"面板中按住 Alt 键，单击"图层 1"图层前面的 👁 图标，显示出其他图层，选中"背景 拷贝 2"图层，按 Ctrl+J 组合键，复制选区中的蝴蝶兰植物区域

到新的图层中，命名图层为"蝴蝶兰叶子"。按 Ctrl+M 组合键，弹出"曲线"对话框，调整曲线到合适为止，如图 13-54 所示。

图 13-52 调整正面屏风装饰后的效果

图 13-53 创建蝴蝶兰植物选区

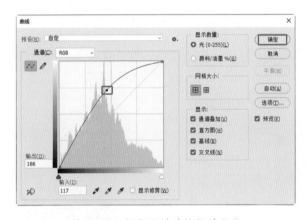

图 13-54 调整蝴蝶兰植物的曲线

㊳ 按 Ctrl+U 组合键，弹出"色相 / 饱和度"对话框，增加饱和度，如图 13-55 所示。调整蝴蝶兰植物后的效果如图 13-56 所示。

💡 提 示

为了方便管理，可以将局部调整的图像图层放置到一个图层组中。

图 13-55 增加植物的饱和度

图 13-56 调整蝴蝶兰植物后的效果

13.2.3 大堂效果图的光晕效果

调整局部效果之后，可以看到场景中的光晕有些偏差，下面将对立柱中的装饰光晕进行添加和修改，并添加筒灯和水晶灯的光晕效果。

◎ 动手操作——为大堂添加光效

❶ 在"图层"面板中新建一个图层，将新建的图层置顶，命名图层为"柱子光晕"。使用 ❤（多边形套索工具）在立柱的光晕处创建选区，如图 13-57 所示。

💡 提 示

在渲染出的效果图中，立柱中的光晕设计得太深，由于角度问题，是看不到的，为了美观，在后期处理中会为其加上。

❷ 在工具箱中单击前景色色块，弹出"拾色器（前景色）"对话框，设置 R、G、B 参数分别为 240、164、114，单击"确定"按钮，如图 13-58 所示。

图 13-57　创建光晕选区

图 13-58　设置前景色

❸ 选择工具箱中的 ▣（渐变工具），设置渐变为前景色到透明的渐变，并在选区中由右至左创建渐变填充，如图 13-59 所示。

❹ 按 Ctrl+D 组合键，取消选区的选择，设置"柱子光晕"的图层混合模式为"线性减淡"，设置"不透明度"为 70%，得到如图 13-60 所示的效果。

图 13-59　为选区填充渐变

图 13-60　设置图层的混合模式

⑤ 按 Ctrl+U 组合键，在弹出的"色相 / 饱和度"对话框中调整光晕的颜色，调整至与另一侧的光晕效果基本相同即可，如图 13-61 所示。

调整光晕后的效果如图 13-62 所示。

图 13-61　设置光晕的色相 / 饱和度

图 13-62　调整光晕后的效果

使用同样的方法制作出另一侧立柱的光晕，如图 13-63 所示。

⑥ 在菜单栏中选择"文件 > 打开"命令，打开随书附带的"素材 \ 第 13 章 \ 光晕 .psd"文件，如图 13-64 所示。

图 13-63　制作出的立柱光晕

图 13-64　打开的光晕文件

⑦ 将光晕拖曳到效果图中，并为每个筒灯添加光晕效果，调整光晕到合适的大小即可，添加出筒灯光晕，如图 13-65 所示。

图 13-65　添加筒灯光晕

⑧ 使用前面加载的画笔工具，设置合适的画笔大小，选择合适的灯光效果，设置前景色
为白色，添加水晶灯光晕，如图 13-66 所示。

图 13-66　添加水晶灯光晕

⑨ 绘制出光晕的效果后，按 Ctrl+Shift+Alt+E 组合键，盖印图像到新的图层中，设置图
层的混合模式为"柔光"，设置"不透明度"为 10%，如图 13-67 所示。

图 13-67　盖印并设置图层的属性

⑩ 继续盖印图像到新的图层，设置图层的混合模式为"正片叠底"，设置"不透明度"
为 60%，使用 ❧.（橡皮擦工具）擦除盖印的图像，制作出晕影的效果，如图 13-68 所示。

图 13-68　制作晕影效果

最后，对后期处理完成的效果图进行保存即可。

13.3　小结

　　本章介绍了酒店大堂效果图的后期处理。大堂的局部比较琐碎，必须一一将其调整至满意的效果，所以在后期处理该类效果图时，必须有耐心，希望通过对本案例的制作与学习，对读者的实际工作有所帮助。

第14章

牙医诊所效果图的后期处理

本章介绍牙医诊所效果图的后期处理，处理前后的效果对比如图14-1所示。

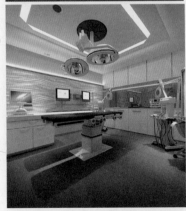

图 14-1　牙医诊所效果图处理前后的对比

14.1　牙医诊所效果图后期处理的要点

　　牙医诊所属于医护场所，应该是比较干净和明亮的场所。在图 14-1 中可以看到，直接从 3ds Max 渲染出的效果图层次较为朦胧，整体偏灰色，与现实中的医护场所有所出入。下面使用 Photoshop 软件来调整室内整体的亮度和对比度，使其变得明亮且富有层次感。

14.2　牙医诊所效果图后期处理的制作流程

　　通过观察渲染输出的牙医诊所效果图，发现有以下几个方面需要进行后期处理。
　　(1) 渲染输出的效果图场景整体没有明暗对比。
　　(2) 效果图的体积感不够强。
　　(3) 画面整体发灰，对比度和层次较差。
　　(4) 画面所表现的色调和场景所要表现的色调不协调。
　　(5) 灯光光晕效果和物体对比较差。
　　对于以上问题，通过使用 Photoshop 软件进行后期处理可得到我们想要的效果图。

14.2.1　调整图像的整体效果

　　在室内后期处理中，应先调整图像的整体效果，如增加滤色层将昏暗的图像提亮，或增加柔光层将色彩和对比度提升，这样做是为了在具体调整时有一个较好的调整基础。

◎ 动手操作——牙医诊所效果图的整体调整

　　❶ 在 Photoshop 中打开渲染的效果图和通道图，如图 14-2 所示。
　　❷ 选择"牙医诊所通道图 .tga"文件，使用 ✛ (移动工具) 拖曳图像并按住 Shift 键，将图像放入"牙医诊所效果图 .tga"文件中，如图 14-3 所示。

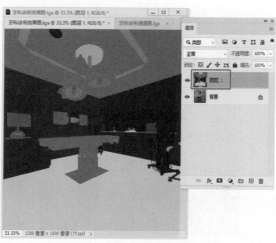

　　图 14-2　打开效果图和通道图　　　　　　图 14-3　将通道图放入效果图文件中

❸ 在"图层"面板中选中"背景"图层，按 Ctrl+J 组合键复制图像到新的图层中，按 Ctrl+] 组合键前移一层；通过观察效果图，发现整体需要提亮，再次按 Ctrl+J 组合键复制图像到新的图层中，设置图层的混合模式为"滤色"，设置"不透明度"为25%，如图 14-4 所示。

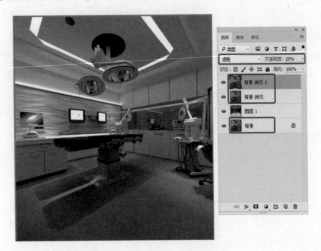

图 14-4　使用滤色整体提亮效果

14.2.2　调整图像的局部效果

在图像的整体效果调整后，还需要对局部效果进行逐步逐层地调整。

◎ 动手操作——牙医诊所的局部效果调整

❶ 按 Ctrl+E 组合键合并图层，右击 ◉（指示图层可见性）图标，选择一种颜色将其标注。选中通道图层，使用 ⚡（魔棒工具）选择天花板白乳胶区域，选中"背景 拷贝"图层，按 Ctrl+J 组合键将图像复制到新的图层中，双击图层名称，将其命名为"顶"。按 Ctrl+L 组合键，弹出"色阶"对话框，增强对比度，如图 14-5 所示。

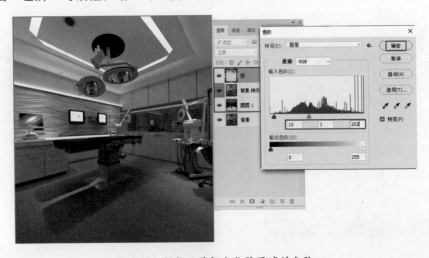

图 14-5　调整天花板白乳胶区域的色阶

❷ 按住 Ctrl 键单击图层缩览图，选择选区，按 Q 键进入快速蒙版状态，如图 14-6 所示。

在使用快速蒙版之前，应确定所选区域有色彩指示。在工具箱中双击 ▣（以快速蒙版模式编辑）按钮，在弹出的窗口中选择"色彩指示"为"所选区域"，这样方便选择和观察。

❸ 按 G 键，激活 ▣（渐变工具），从左上角至右下角拖动填充渐变。除了明暗变化外，还会有色彩变化，如图 14-7 所示。

确定 ▣（渐变工具）的渐变颜色为"从前景色到背景色渐变"。

图 14-6　使用快速蒙版　　　　　　　　图 14-7　设置快速蒙版的渐变

❹ 按 Q 键，退出快速蒙版。按 Ctrl+B 组合键，弹出"色彩平衡"对话框，选中"中间调"单选按钮，加入青色和蓝色，如图 14-8 所示。按 Ctrl+D 组合键，取消选区的选择。

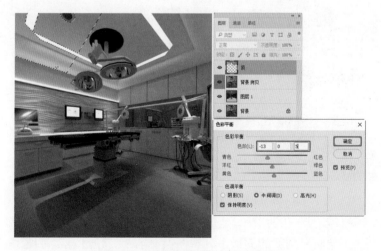

图 14-8　调整快速蒙版区域的颜色

⑤ 按 Ctrl+U 组合键，弹出"色相 / 饱和度"对话框，降低饱和度，如图 14-9 所示。

提 示

由于之前使用了"色阶"命令，在明暗对比增强的同时色彩也增强了，所以需要稍微降低饱和度。

⑥ 使用 ✍ (魔棒工具) 在通道图层选择右侧白漆柜面，选中"背景 拷贝"图层，按 Ctrl+J 组合键将图像复制到新的图层中，将图层命名为"白漆"，使用"色阶"命令提亮并增强对比度，如图 14-10 所示。

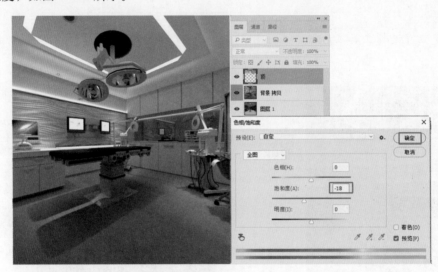

图 14-9　降低天花板的饱和度

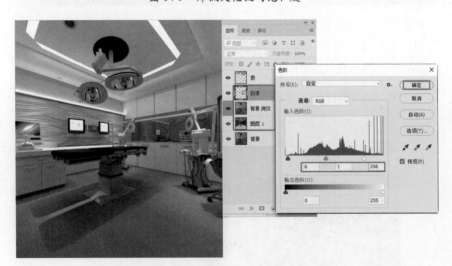

图 14-10　调整右侧的白漆柜面色阶

⑦ 使用 ✍ (魔棒工具) 在通道图层选择顶部手术灯的底座，选中"背景 拷贝"图层，按 Ctrl+J 组合键将图像复制到新的图层中，将图层命名为"顶灯座"，使用"色阶"命令提亮图像，如图 14-11 所示。

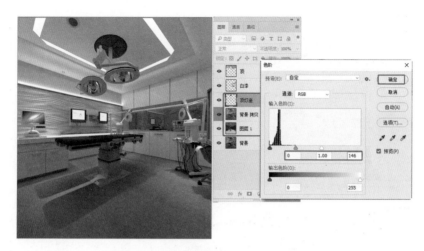

图 14-11　调整顶部手术灯底座的色阶

⑧ 使用 ✎ （魔棒工具）在通道图层选择顶部手术灯，选中"背景 拷贝"图层，按 Ctrl+J 组合键将图像复制到新的图层中，将图层命名为"顶灯"，使用"色阶"命令提亮图像，如图 14-12 所示。

提　示

由于整个顶部手术灯选区不是由一个选区组成的，需按住 Shift 键加选，然后使用 ○. （套索工具）继续添加选择不纯的选区。

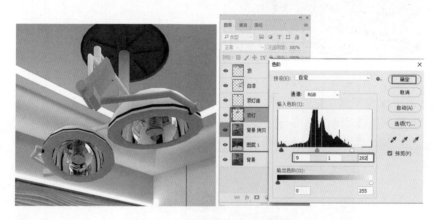

图 14-12　调整顶部手术灯的色阶

⑨ 使用 ✎ （魔棒工具）在通道图层选择顶部音箱的金属边，选中"背景 拷贝"图层，按 Ctrl+J 组合键将图像复制到新的图层中，将图层命名为"顶金属"，先使用"色阶"命令提亮并增强对比度；再使用"色彩平衡"命令为"中间调"添加青色和蓝色，使其与天花板融合，如图 14-13 所示。

⑩ 使用 ✎ （魔棒工具）在通道图层选择背景装饰墙，选中"背景 拷贝"图层，按 Ctrl+J 组合键将图像复制到新的图层中，将图层命名为"背景墙"，使用"色阶"命令提亮图像，如图 14-14 所示。

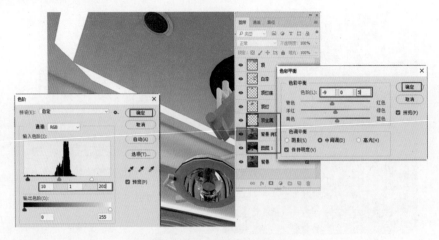

图 14-13　调整顶部金属边

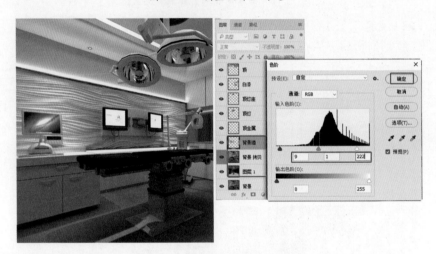

图 14-14　调整背景装饰墙的色阶

⓫ 使用 在通道图层选择右侧玻璃墙，选中"背景 拷贝"图层，按 Ctrl+J 组合键将图像复制到新的图层中，将图层命名为"玻璃墙"，先使用"色相／饱和度"命令降低饱和度；再使用"色阶"命令增强对比度，如图 14-15 所示。

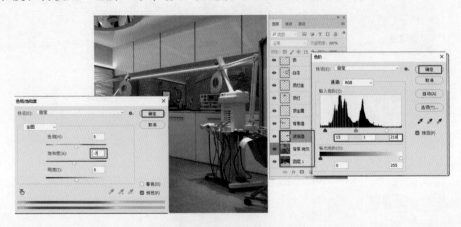

图 14-15　增强玻璃墙的对比度

⑫ 使用 ✎ (魔棒工具)在通道图层选择地面,选中"背景 拷贝"图层,按 Ctrl+J 组合键将图像复制到新的图层中,将图层命名为"地面",使用"色阶"命令增强对比度,如图 14-16 所示。

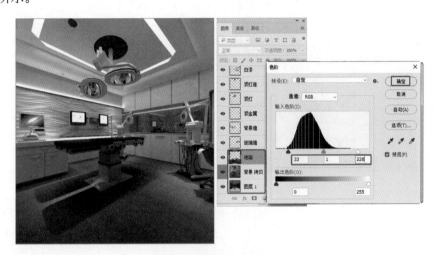

图 14-16　调整地面的色阶

⑬ 使用 ✎ (魔棒工具)在通道图层选择诊疗台,选中"背景 拷贝"图层,按 Ctrl+J 组合键将图像复制到新的图层中,将图层命名为"诊疗台",使用"色阶"命令增强对比度,如图 14-17 所示。

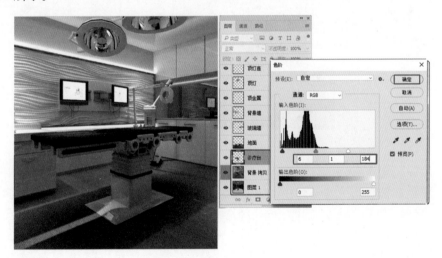

图 14-17　调整诊疗台的色阶

💡 提 示

在调整时应注意诊疗台底座阴影处与地面阴影处明暗基本相同。

⑭ 使用 ✎ (魔棒工具)在通道图层选择左侧电脑下的柜子,选中"背景 拷贝"图层,按 Ctrl+J 组合键将图像复制到新的图层中,将图层命名为"左侧柜子",使用"色阶"命令提亮图像,如图 14-18 所示。

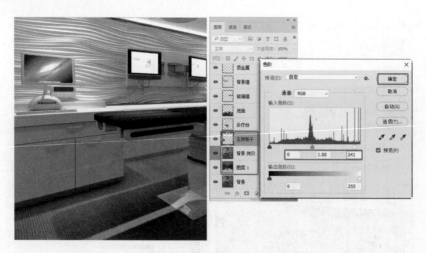

图 14-18　调整左侧柜子的色阶

🔵 使用 ◹ (多边形套索工具)将柜面区域选出来，按 Ctrl+J 组合键将图像复制到新的图层中，将图层命名为"柜面"，先使用"色阶"命令提亮图像；再使用"色彩平衡"命令稍微添加青色和蓝色，如图 14-19 所示。

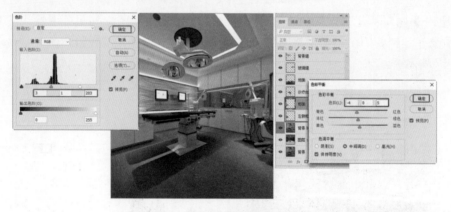

图 14-19　使用命令提亮柜面并增色

🔵 使用 ◹ (魔棒工具)和 ◯ (套索工具)在通道图层选择左侧电脑和键盘，选中"背景 拷贝"图层，按 Ctrl+J 组合键将图像复制到新的图层中，将图层命名为"电脑"；再按 Ctrl+J 组合键将"电脑"图层复制一份，将图层的混合模式设置为"滤色"，设置合适的不透明度，如图 14-20 所示。

🔵 使用 ◹ (魔棒工具)选择右侧的仪器，选中"背景 拷贝"图层，按 Ctrl+J 组合键将图像复制到新的图层中，将图层命名为"仪器 01"，使用"色阶"命令提亮图像，如图 14-21 所示。

Ⓦ 提 示

在使用 ◹ (魔棒工具)选择选区时，由于通道选区与其他颜色有接近的，会出现选区不纯的现象。在室内后期处理过程中，一般会设置工具选项栏中的"容差"值为 10，遇到选区不纯可设置为 5，或者使用套索工具按住 Alt 键减选。

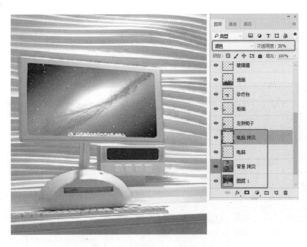

图 14-20　使用图层混合模式提亮电脑

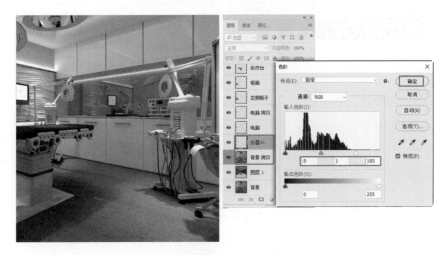

图 14-21　调整右侧仪器的色阶

⑱ 使用 ✐（魔棒工具）选择如图 14-22 所示的仪器，选中"背景 拷贝"图层，按 Ctrl+J 组合键将图像复制到新的图层中，将该图层命名为"仪器 02"，使用"色阶"命令提亮图像。

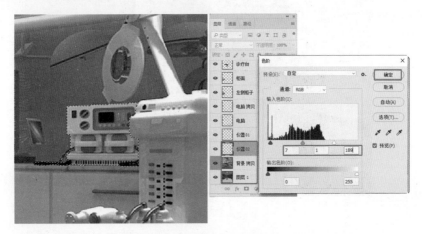

图 14-22　调整仪器的色阶

⑲ 使用 （魔棒工具）选择水龙头，选中"背景 拷贝"图层，按 Ctrl+J 组合键将图像复制到新的图层中，将图层命名为"水龙头"，使用"色阶"命令提亮图像，如图 14-23 所示。

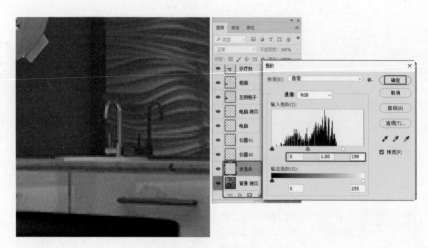

图 14-23 调整水龙头的色阶

14.2.3 添加特效

在调整好局部效果后，接下来可为效果图添加特效。

◎ **动手操作——为牙医诊所效果图添加特效**

❶ 在"图层"面板中选中"顶"图层，按 Ctrl+Shift+Alt+E 组合键盖印图层，如图 14-24 所示。

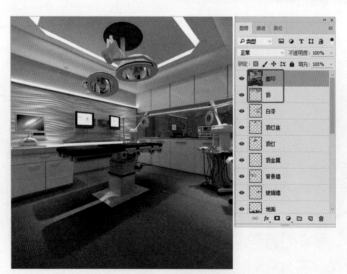

图 14-24 盖印图层

❷ 按 Ctrl+Alt+2 组合键提取高亮选区，按 Ctrl+J 组合键复制图像到新的图层中；设置

图层的混合模式为"滤色"，设置"不透明度"为40%；在菜单栏中选择"滤镜＞模糊＞高斯模糊"命令，在弹出的"高斯模糊"对话框中设置合适的半径，如图14-25所示。

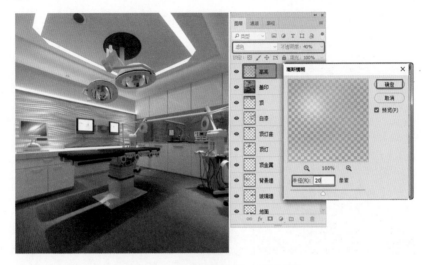

图 14-25　提取高亮选区并设置模糊

💡 **提　示**

　　效果图中的高亮部分主要为灯带和灯带附近，使用"滤色"混合模式和"高斯模糊"命令后可以制作出光晕效果。

❸ 再次按 Ctrl+Shift+Alt+E 组合键盖印图层，用于模仿真实相机拍摄所产生的四角压暗效果，将其命名为"四角压暗"，设置图层的混合模式为"正片叠底"，设置"不透明度"为60%，使用橡皮擦工具擦出四角压暗的效果，如图14-26所示。

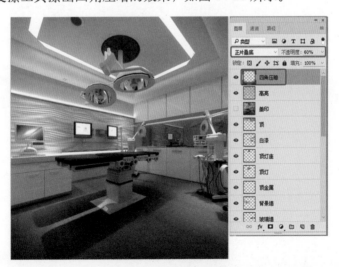

图 14-26　设置四角压暗效果

❹ 再次按 Ctrl+Shift+Alt+E 组合键盖印图层，用于锐化图片使其清晰真实，将其命名为"锐化"；在菜单栏中选择"滤镜＞锐化＞USM锐化"命令，在弹出的"USM锐化"对话框中，

设置"数量"为50%，"半径"为5.0像素；在"图层"面板中设置图层的"不透明度"为50%，如图14-27所示。

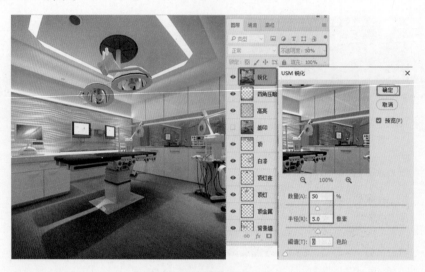

图 14-27　设置锐化效果

最后，将后期处理完成的效果图进行保存即可。

14.3　小结

本章详细地讲述了一个牙医诊所效果图的后期处理，通过对本效果图的处理，希望读者可以对医疗诊所效果图有一个初步的了解，并且对以后处理类似效果图有帮助。

第 **15** 章

室内彩色平面
图的制作

本章主要讲解室内彩色平面图的表现，其实这也是效果图的一部分，有时为了更直观地给用户展示，需要制作室内彩色平面图。有了彩色平面效果图，在给用户介绍户型时就可以很清楚地将每个房间的功能和摆设展现出来，一般房地产公司或者装饰公司都会做一些这样的图。

本章制作的室内彩色平面效果如图 15-1所示。

图 15-1　室内彩色平面图效果

15.1 制作室内彩色平面图的要点

彩色平面图的制作首先是先输出图纸为位图，将位图导入 Photoshop 软件中，然后通过图像中的布局，为平面添加墙体、地面和家具等素材，完成室内彩色平面图的制作。

15.2 制作室内彩色平面图的流程

制作室内彩色平面图的基本流程如下。

（1）使用 CAD 软件，将图纸输出为位图。

（2）将位图导入 Photoshop 软件中，通过创建选区填充墙体、门和窗的颜色。

（3）通过添加地面图像，并删除多余选区制作出地面效果。

（4）添加家具，并调整家具到室内合适的位置。

15.3 使用 AutoCAD 软件输出位图

在制作该类效果图之前，必须将先前用 AutoCAD 绘制的图纸输出到 Photoshop 中。一般使用 AutoCAD 软件输出位图的方法是使用"打印"的方式输出。

◎ 动手操作——使用"打印"命令输出位图

❶ 启动 AutoCAD 软件。

❷ 在菜单栏中选择"文件 > 打开"命令，打开随书附带的"素材 \ 第 15 章 \ 室内布置 .dwg"文件，如图 15-2 所示。单击"打开"按钮，打开如图 15-3 所示的图纸。

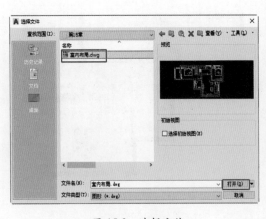

图 15-2　选择文件

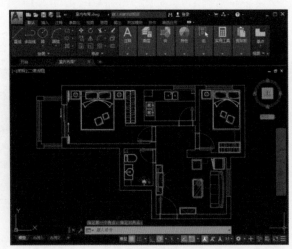

图 15-3　打开的图纸

❸ 单击界面左上角的 ▲ 按钮，在其下拉菜单中选择"打印"命令，如图 15-4 所示。

❹ 弹出"打印 - 模型"对话框，从中选择"打印机 / 绘图仪"的输出格式为 JPG 即可，

单击【特性】按钮，如图 15-5 所示。

图 15-4 选择"打印"命令

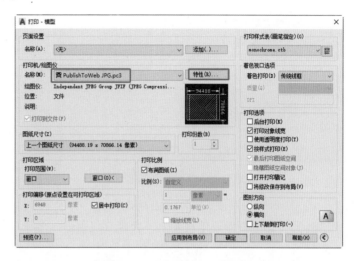

图 15-5 设置"打印 - 模型"

❺ 弹出"绘图仪配置编辑器"对话框，从中选择"自定义图纸尺寸"选项，单击"添加"按钮，如图 15-6 所示。

❻ 弹出"自定义图纸尺寸"对话框，选中"创建新图纸"单选按钮，如图 15-7 所示，单击"下一步"按钮。

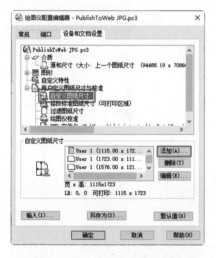

图 15-6 设置"绘图仪配置编辑器"

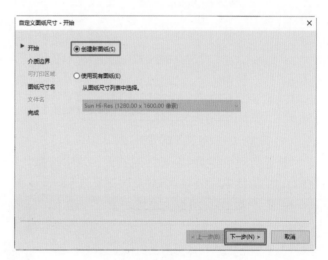

图 15-7 自定义图纸尺寸 - 开始

❼ 在弹出的"自定义图纸尺寸 - 介质边界"对话框中设置"宽度"为 8000、"高度"为 6000，如图 15-8 所示，单击"下一步"按钮。

❽ 在弹出的"自定义图纸尺寸 - 图纸尺寸名"对话框中可以为定义的图纸尺寸命名，也可以使用默认名称，如图 15-9 所示，单击"下一步"按钮。

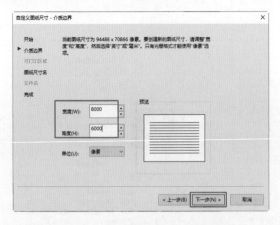

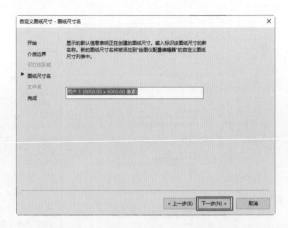

图 15-8　自定义图纸尺寸 - 介质边界　　　　　　图 15-9　自定义图纸尺寸 - 图纸尺寸名

❾ 进入到"自定义图纸尺寸 - 完成"对话框，单击"完成"按钮，如图 15-10 所示。

❿ 返回到"绘图仪配置编辑器"对话框，单击"确定"按钮，如图 15-11 所示。

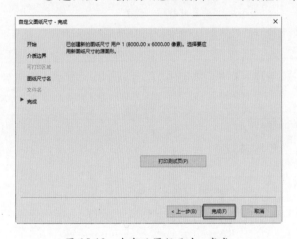

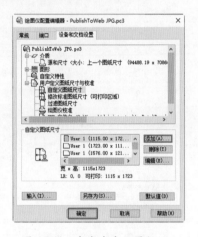

图 15-10　自定义图纸尺寸 - 完成　　　　　　　　图 15-11　完成自定义图纸

⓫ 返回到"打印 - 模型"对话框，从中选择"图纸尺寸"为添加的尺寸，单击"窗口"按钮，如图 15-12 所示。

⓬ 在 AutoCAD 窗口中框选需要打印输出的图纸区域，如图 15-13 所示。

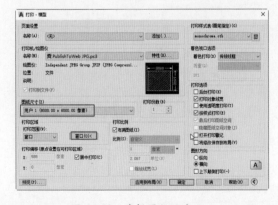

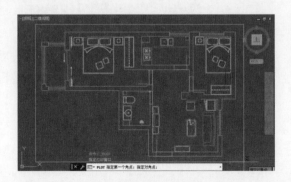

图 15-12　选择图纸尺寸　　　　　　　　　　　　图 15-13　选择打印区域

⑬ 框选打印区域后，返回到"打印 - 模型"对话框，选中"居中打印"复选框和"横向"单选按钮，单击"确定"按钮，如图 15-14 所示。

⑭ 在弹出的"浏览打印文件"对话框中选择一个存储路径，并为文件命名，单击"保存"按钮，如图 15-15 所示。

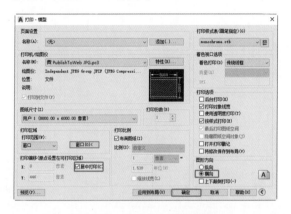

图 15-14　设置打印图纸参数

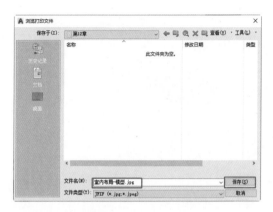

图 15-15　存储打印文件

15.4　使用 Photoshop 绘制室内彩色平面图

本节将开始制作室内彩色平面效果图，在进行制作之前先把墙面和窗户进行填充。

15.4.1　填充墙面和窗户

下面将介绍使用 Photoshop 软件填充墙面和窗户。

◎ 动手操作——填充墙面和窗户

① 运行 Photoshop 软件，打开输出的室内图像，如图 15-16 所示。

② 在菜单栏中选择"选择＞色彩范围"命令，在弹出的"色彩范围"对话框中拾取白色区域，并设置"颜色容差"为 121，单击"确定"按钮，如图 15-17 所示。

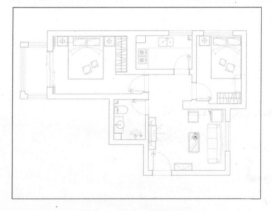

图 15-16　打开的图像

图 15-17　选择色彩范围

③ 创建选区后，按 Ctrl+Shift+I 组合键，反选黑色线框，然后按 Ctrl+J 组合键将选区中的图像复制到新的图层中，命名该图层为"线框"，如图 15-18 所示。

④ 选中"背景"图层，使用 （魔棒工具），按住 Shift 键通过加选选区创建出墙面选区，如图 15-19 所示。

图 15-18　复制线框

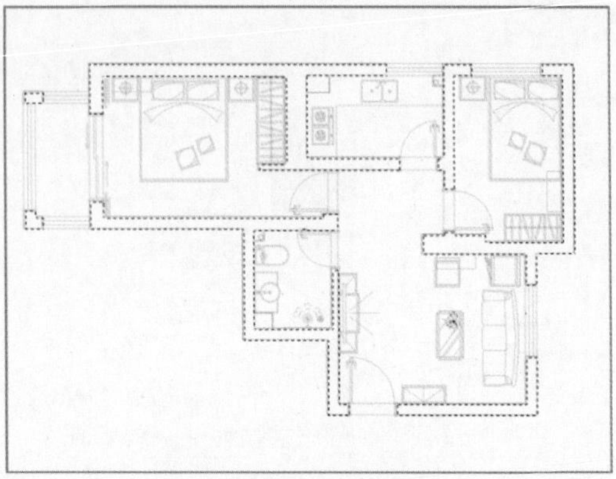

图 15-19　创建墙面选区

⑤ 创建选区后，设置前景色为黑色，在"图层"面板中创建新图层并命名为"墙体"，按 Alt+Delete 组合键，填充前景色，如图 15-20 所示。

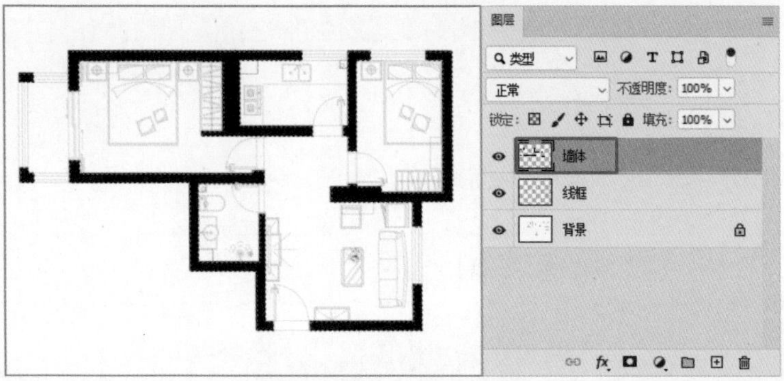

图 15-20　创建并填充墙体

⑥ 选中"背景"图层，使用 （魔棒工具）创建出窗户的填充选区，如图 15-21 所示。

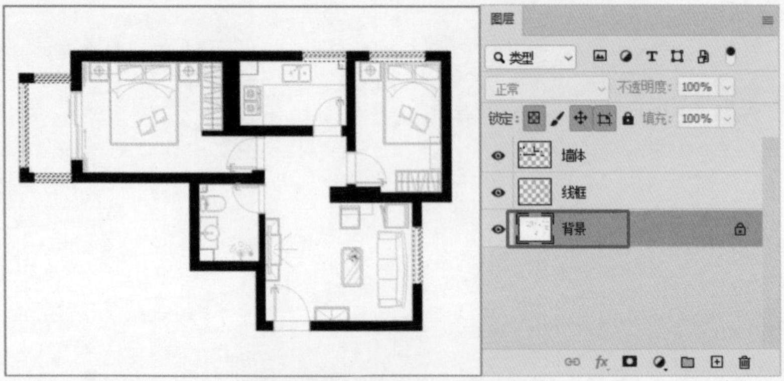

图 15-21　创建窗户选区

❼ 设置前景色的 RGB 分别为 130、230、255。创建"窗户"图层，按 Alt+Delete 组合键，填充选区为前景色，如图 15-22 所示。

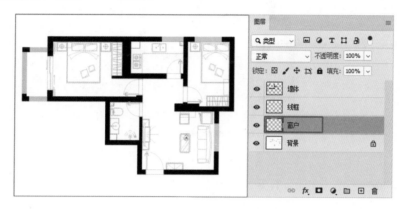

图 15-22　填充窗户颜色

15.4.2　处理地面

下面将为彩色平面图添加瓷砖和木地板。

◎ 动手操作——处理地面

❶ 在菜单栏中选择"文件 > 打开"命令，打开随书附带的"素材 \ 第 15 章 \1（6）.jpg"瓷砖素材文件，如图 15-23 所示。

❷ 将其拖曳到彩平图中，调整合适的大小，按住 Alt 键，使用 ⊕（移动工具）移动复制地砖到阳台、厨房和卫生间，如图 15-24 所示。

移动复制地砖图层后会出现多个图层，在"图层"面板中选择这些瓷砖图层，按 Ctrl+E 组合键并为一个图层。

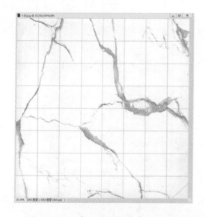

图 15-23　打开的瓷砖素材文件

图 15-24　移动复制瓷砖

❸ 使用 ⊞（矩形选框工具）在彩色平面图中框选出阳台、厨房和卫生间区域的选区，创建选区后，在"图层"面板中单击 ▣（添加蒙版）按钮，创建选区蒙版，如图 15-25 所示。

图 15-25　创建瓷砖蒙版

④ 在菜单栏中选择"文件 > 打开"命令，打开随书附带的"素材 \ 第 15 章 \1（8）.jpg"木地板素材文件，如图 15-26 所示。

⑤ 将其拖曳到彩色平面图中，调整合适的大小，按住 Alt 键，使用 ✛ （移动工具）移动复制到客厅、走廊和卧室，如图 15-27 所示。

选择复制出的木地板图层，按 Ctrl+E 组合键，合并为一个图层。

图 15-26　打开的木地板素材文件

图 15-27　复制木地板

⑥ 使用 ▦ （矩形选框工具）在彩色平面图中框选出客厅、走廊和卧室区域的选区，如图 15-28 所示。

⑦ 创建选区后，在"图层"面板中单击 ▣ （添加蒙版）按钮，创建选区蒙版。

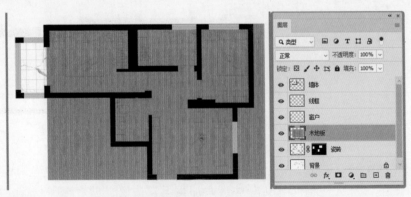

图 15-28　创建选区

❽ 创建蒙版后，使用 🔍（减淡工具）将木地板的边缘减淡，如图 15-29 所示。

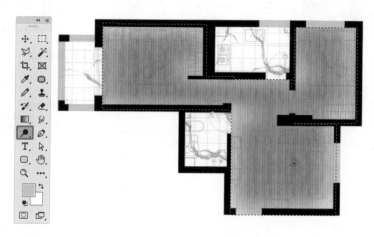

图 15-29　创建选区蒙版并减淡边缘

15.4.3　添加家具

下面将添加彩色平面图的家具。

◎ 动手操作——添加家具

❶ 在"图层"面板中双击"线框"图层，在弹出的"图层样式"对话框中选中"投影"复选框，设置合适的参数，单击"确定"按钮，如图 15-30 所示。

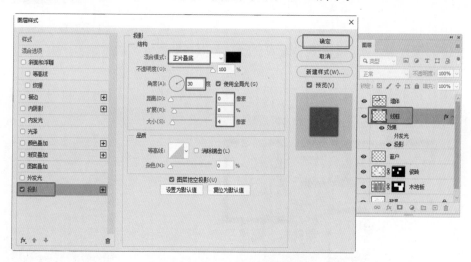

图 15-30　设置线框的投影

❷ 选中"背景"图层，使用 ✨（魔棒工具）创建出沙发的选区。在"图层"面板中新建"沙发"图层，设置前景色为白色，按 Alt+Delete 组合键，填充选区为白色，如图 15-31 所示。

❸ 使用同样的方法，创建其他选区并填充选区为白色，如图 15-32 所示。

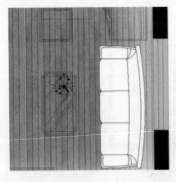

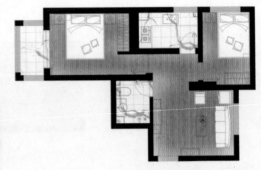

图 15-31 填充沙发选区为白色   图 15-32 填充其他家具

❹ 双击填充白色后的"沙发"图层，弹出"图层样式"对话框，从中选中"投影"复选框，设置合适的投影参数，单击"确定"按钮，如图 15-33 所示。

设置投影后的效果如图 15-34 所示。

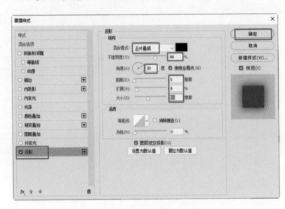
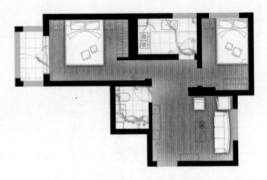

图 15-33 设置投影参数   图 15-34 设置投影后的效果

❺ 继续创建其他白色家具和灰色家具区域，可以放置到同一个图层中，也可以分开填充和设置投影，如图 15-35 所示。

❻ 在菜单栏中选择"文件 > 打开"命令，打开随书附带的"素材 \ 第 15 章 \ 木纹 g.jpg"素材文件，如图 15-36 所示。

图 15-35 设置家具的填充和投影   图 15-36 打开的木纹素材文件

❼ 将木纹素材拖曳到彩色平面图中，复制并合并到一个木纹图层中，框选需要的区域，单击 ▣（添加蒙版）按钮，创建选区蒙版，如图 15-37 所示。

图 15-37 创建木纹家具区域

⑧ 在菜单栏中选择"文件 > 打开"命令,打开随书附带的"素材 \ 第 15 章 \ 黑石 001.jpg"素材文件,如图 15-38 所示。

⑨ 将黑石素材拖曳到彩色平面图中,将其拖曳到茶几的位置,根据茶几的大小创建选区,并为其图层添加蒙版,如图 15-39 所示。

设置黑石的图层蒙版后为其设置投影即可。

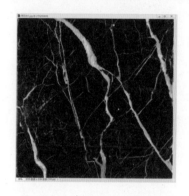

图 15-38 打开的黑石素材文件

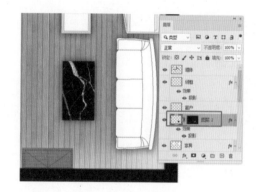

图 15-39 设置黑石的蒙版

⑩ 在菜单栏中选择"文件 > 打开"命令,打开随书附带的"素材 \ 第 15 章 \1 (5) .jpg"素材文件,如图 15-40 所示。

⑪ 将其拖曳到彩色平面图中,并放置到茶几黑石图层的下方,设置其选区大于黑石即可,设置选区的蒙版,作为茶几的边框,如图 15-41 所示。

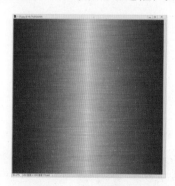

图 15-40 打开的素材文件

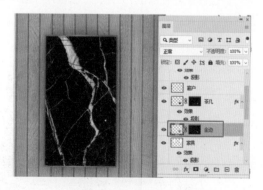

图 15-41 添加茶几的边框

⑫ 在菜单栏中选择"文件 > 打开"命令,打开随书附带的"素材 \ 第 15 章 \2 (10) .jpg"

素材文件，如图 15-42 所示。

⓭ 将其拖曳到彩色平面图中，并放置到枕头的位置，调整合适的大小，选中"背景"图层，使用 （魔棒工具）创建枕头选区，如图 15-43 所示。按 Ctrl+Shift+I 组合键，反选选区，按 Delete 键将反选的区域删除。

图 15-42　打开的素材文件

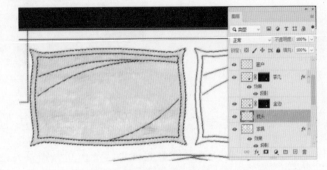
图 15-43　创建枕头选区

⓮ 按 Ctrl+D 组合键取消选区的选择，按 Ctrl+U 组合键，在弹出的"色相/饱和度"对话框中选中"着色"复选框，设置合适的参数，如图 15-44 所示。

⓯ 继续双击"枕头"图层，在弹出的"图层样式"对话框中选中"投影"和"光泽"复选框，设置合适的参数，单击"确定"按钮，如图 15-45 所示。

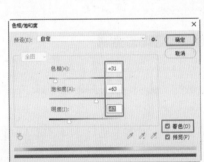
图 15-44　设置枕头的色相/饱和度

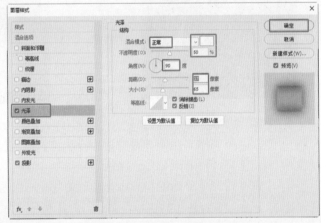
图 15-45　设置枕头的光泽及投影

⓰ 复制枕头，并调整合适的角度，然后填充床头柜为白色，设置合适的投影效果，如图 15-46 所示。

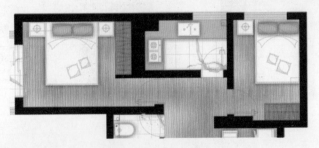
图 15-46　床头柜和枕头效果

⑰ 在菜单栏中选择"文件 > 打开"命令，打开随书附带的"素材 \ 第 15 章 \ 1（1）.jpg 和 1（2）.jpg"素材文件，如图 15-47 所示。

⑱ 分别将两个地毯拖曳到彩色平面图中，调整图层的位置，并调整图像的大小和位置，如图 15-48 所示。

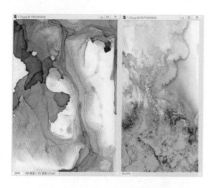

图 15-47　打开的素材文件

图 15-48　添加的地毯素材

⑲ 在菜单栏中选择"文件 > 打开"命令，打开随书附带的"素材 \ 第 15 章 \ 1（9）.jpg"素材文件，如图 15-49 所示。

⑳ 将素材拖曳到彩色平面图中，作为装饰，如图 15-50 所示。

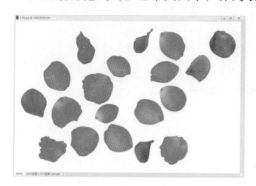

图 15-49　打开的素材文件

图 15-50　添加素材

㉑ 创建一个"门框"图层，绘制每个门框并填充为黑色，如图 15-51 所示，在这里，可以直接创建矩形填充黑色。

图 15-51　创建门框并填充颜色

15.4.4　调整最终的图像

在最后的操作中主要检查效果是否合理、是否满意；对不满意的稍加调整，直到满意为止。

动手操作——调整最终的图像

❶ 新建"光"图层，选择工具箱中的 ✐（画笔工具），在工具选项栏中设置合适的画笔参数，设置前景色为黄色，设置灯光效果，如图 15-52 所示，设置图层的混合模式为"线性加深"。在制作彩色平面图时需要注意各个图层的位置。

图 15-52　创建黄色光效

❷ 单击"图层"面板底部的 ◑（创建新的填充或调整图层）按钮，在弹出的下拉菜单中选择"自然饱和度"命令，在"属性"面板中设置合适的自然饱和度参数，如图 15-53 所示。

图 15-53　调整自然饱和度

15.5　小结

　　本章着重讲解了利用 AutoCAD 提供的平面图输出到 Photoshop 中制作室内彩色户型平面图，相对来说比较简单，制作者需要有一些平面图片才能很方便、快速地制作出来。

　　制作该类图像的方法很多，读者不一定要拘泥于本章介绍的方法，完全可以根据个人习惯和需要大胆创新，只要做出来的效果好，任何方法都可以使用。甚至可以在三维软件中创建完场景后，渲染其顶视图，直接获取真实的户型平面图，读者朋友可以尝试一下。

第 **16** 章

效果图的打印
输出

在给客户展示效果图时，可以使用电子文档的形式，也可以将图像提供给外部的图形图像输出中心，通过打印机将效果图打印输出使效果图会看起来更加直观。如果制作者对图纸的设置不符合打印输出的要求，打印的质量肯定不好，这样有可能前功尽弃。所以适当地了解一些打印输出的基本知识将有助于使图像打印效果与预想的保持一致。

16.1 效果图打印输出的准备工作

无论是将图像发送到桌面打印机还是发送到印前设备，了解一些有关打印的基础知识都会使打印作业更顺利，并有助于确保完成的图像达到预期的效果。

图像在打印输出之前，都是在计算机上操作的，对于打印输出则应根据其用途不同而有不同的设置要求。为了确保打印输出的图像和用户想要的一致，打印输出之前制作者必须弄清楚下面几个事项。

- 制作人必须清楚用户最终的输出尺寸，因为它直接影响图像的渲染精度和建模精度。掌握合理的渲染精度，可以避免无意义的额外劳动。
- 对于多数 Photoshop 用户而言，打印文件意味着将图像发送到喷墨打印机。Photoshop 可以将图像发送到多种设备，以便直接在纸上打印图像或将图像转换为胶片上的正片或负片图像。在后一种情况中，可使用胶片创建主印版，以便通过机械印刷机印刷。
- 精确设置图像的分辨率。如果输出一般的写真，分辨率为 72 像素 / 英寸即可；如果用于印刷，则分辨率不能低于 300 像素 / 英寸；如果是用于制作大型户外广告，则分辨率低点也没关系。
- 如果用户要求印刷，则要考虑印刷品与屏幕色彩的巨大差异。因为屏幕的色彩由红、蓝、绿三色发光点组成，印刷品由青、品、黄、黑四色油墨套色印刷而成。这是两个色彩体系，它们之间总有不兼容的地方。

16.2 效果图的打印输出设置

完成作品后，如果要以打印形式输出，则需要进行页面设置，即对图像的打印质量、纸张大小和缩放等进行设置。在系统默认状态下，图像会居中打印，如果想将图像打印在页面的其他位置，则必须将其输出至其他排版软件中，重新设置其位置。

16.2.1 打印属性设置

默认情况下，Photoshop 软件将打印所有可见的图层或通道，如果只想打印个别的图层或通道，就需要在打印之前将所需打印的图层或通道设置为可见。

在进行正式打印输出之前，必须对其打印结果进行预览。在菜单栏中选择"文件 > 打印"命令，即可弹出"Photoshop 打印设置"对话框，如图 16-1 所示。

在"Photoshop 打印设置"对话框中，左边的图像框为图像的预览区域，右边为打印参数设置区域，其中包括"位置和大小""缩放后的打印尺寸""打印机设置"等选项。下面将分别进行介绍。

1. 图像预览区域

在图像预览区域可以观察图像在打印纸上的打印区域是否合适。

2. 位置和大小

- 居中：选中该复选框，表示图像将位于打印纸的中央。一般系统会自动选中该复选框。

图 16-1 "Photoshop 打印设置"对话框

- 顶：表示图像距离打印纸顶边的距离。
- 左：表示图像距离打印纸左边的距离。
- 缩放：表示图像打印的缩放比例。若选中"缩放以适合介质"复选框，则表示 Photoshop会自动将图像缩放到合适大小，使图像能满幅打印到纸张上，如图16-2所示。

图 16-2 缩放以适合介质

- 高度：指打印文件的高度。
- 宽度：指打印文件的宽度。
- 打印选定区域：如果选中该复选框，在预览图中会出现控制点，用鼠标拖动控制点，可以调整打印范围，如图 16-3 所示。

图 16-3 显示打印选定区域

③. 打印标记

- 角裁剪标志：选中该复选框，可在要裁剪页面的位置打印裁切标记。可以在角上打印裁切标记，如图 16-4 所示。

图 16-4 角裁剪标志

- 中心裁剪标志：选中该复选框，可在要裁剪页面的位置打印裁切标记。可在每个边的中心打印裁切标记，以便对准图像中心，如图 16-5 所示。
- 套准标记：选中该复选框，可在图像上打印套准标记（包括靶心和星形靶），这些标记主要用于对齐分色，如图 16-6 所示。

图 16-5　中心裁剪标志

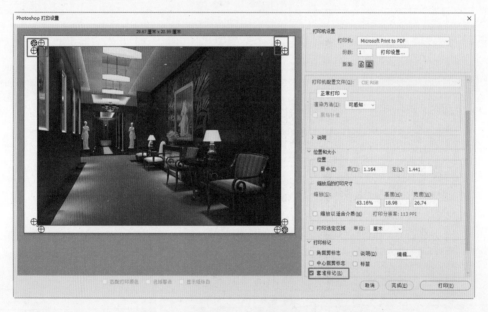

图 16-6　套准标记

- 说明：选中该复选框，可打印在文件简介文本框中输入的任何说明文本（最多约 300 个字符）。将始终采用 9 号 Helvetica 无格式字体打印说明文本。
- 标签：选中该复选框，可在图像上方打印文件名。如果打印分色，则将分色名称作为标签的一部分打印。

 注　意

只有当纸张比打印图像大时，才会打印套准标记、裁切标记和标签。

④. 函数

- 药膜朝下：使文字在药膜朝下（胶片或相纸上的感光层背对用户）时可读。正常情况下，打印在纸上的图像是药膜朝上打印的，感光层正对着用户时文字可读。打印在胶片上的图像通常采用药膜朝下的方式打印。
- 负片：打印整个输出（包括所有蒙版和任何背景色）的反相版本。与"图像"菜单中的"反相"命令不同，"负片"选项将输出（而非屏幕上的图像）转换为负片，如图 16-7 所示。

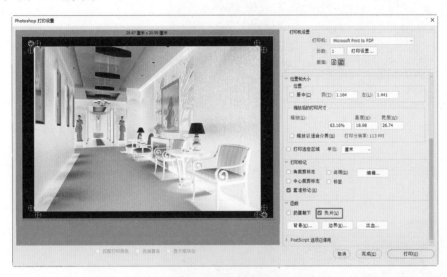

图 16-7　负片效果

- 背景：选择要在页面上的图像区域外打印的背景色。例如，对于打印到胶片记录仪的幻灯片，黑色或彩色背景可能很理想。要使用该选项，单击"背景"按钮，然后从拾色器中选择一种颜色，在这里选择黑色，如图 16-8 所示。这仅是一个打印选项，它不影响图像本身。设置颜色后的背景效果如图 16-9 所示。

图 16-8　设置背景颜色

图 16-9　设置背景颜色后的效果

● 边界：在图像周围打印一个黑色边框。单击"边界"按钮，在弹出的"边界"对话框中输入一个数字并选取单位，指定边框的宽度，如图 16-10 所示。

图 16-10　设置"边界"参数

● 出血：在图像内而不是在图像外打印裁切标记。使用此选项可在图形内裁切图像。单击"出血"按钮，在弹出的"出血"对话框中输入一个数字并选取单位，指定出血的宽度，如图 16-11 所示。

图 16-11　设置"出血"参数

16.2.2　图像的打印设置

继续上一节的设置，单击"Photoshop 打印设置"对话框中的"打印"按钮，弹出"打印"对话框，如图 16-12 所示。

图 16-12　"打印"对话框

如果用户的计算机上安装有多台打印机的驱动程序，可在该对话框的"选择打印机"选项组中选择所用的打印机型号，设置完成后单击"应用"按钮。

在"打印"对话框的"页面范围"选项组中可以设置图像的页面范围，共有以下 4 个选项。

- 全部：打印整个图像。
- 选定范围：只对图像中选定范围内的图像部分进行打印。
- 当前页面：在文件多页的前提下，选中该单选按钮，则只打印当前选择页。

- 页码：在其右侧的文本框中输入打印的起始页与终止页，打印机将只打印此设定页码范围内的图像。

另外，单击"打印"对话框中的"首选项"按钮，弹出如图 16-13 所示的"打印首选项"对话框，设置各选项后，单击"确定"按钮即可。

图 16-13　"打印首选项"对话框

注　意

由于用户选择的打印机不同，所以出现的"打印首选项"对话框也会有所不同。

16.3　小结

打印输出是进行平面图像创作的最后一步，也是最关键的一步。因为将一幅完美的作品打印出来被用户接受，发挥其应有的价值，才是最终目的。本章主要介绍了图像打印输出方面的一些知识。通过本章的学习，希望读者能够掌握如何在 Photoshop 软件中修改图像的尺寸和分辨率，并使自己的作品在打印时符合所需的输出要求。

新中式家装的后期处理

北欧卧室效果图的后期处理

简欧餐厅效果图的后期处理

接待室效果图的后期处理

大堂酒店效果图的后期处理

会议室效果图的后期处理

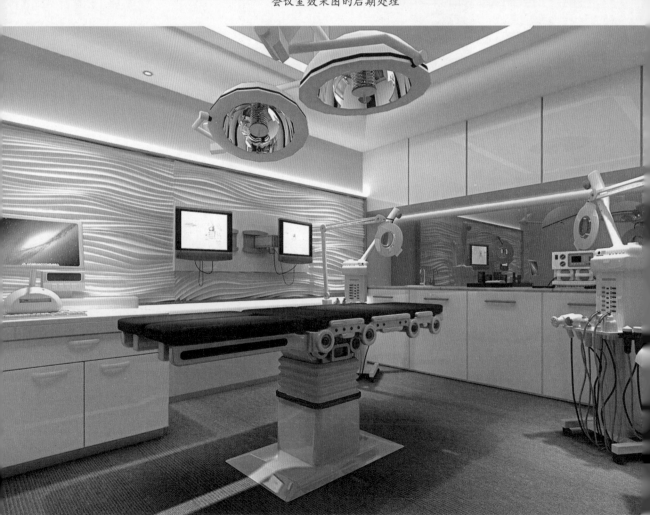

牙科门诊效果图的后期处理